陆相页岩油富集条件与勘探实践
——以松辽盆地南部为例

王国锋　等著

U0213690

石油工业出版社

内容提要

本书对松辽盆地南部青一段页岩的岩石学特征、地球化学特征、储集物性特征和含油性特征等进行了系统的总结，并对页岩油勘探技术的应用和勘探经验进行了介绍。这些理论及勘探技术与方法，对松辽盆地南部页岩油气勘探具有重要指导意义，而且对其他陆相页岩油的研究和勘探也有借鉴意义。

本书为油气勘探工作者提供了有价值的勘探理论和实际应用资料，也可供高等院校相关专业师生学习参考。

图书在版编目（CIP）数据

陆相页岩油富集条件与勘探实践：以松辽盆地南部为例 / 王国锋等著 . —北京：石油工业出版社，2024.6

ISBN 978–7–5183–6672–9

Ⅰ . ① 陆… Ⅱ . ① 王… Ⅲ . ① 陆相 – 油页岩 – 油气勘探 Ⅳ . ① P618.130.8

中国国家版本馆 CIP 数据核字（2024）第 085307 号

出版发行：石油工业出版社

（北京安定门外安华里 2 区 1 号　100011）

网　　址：www.petropub.com

编辑部：（010）64222261　　图书营销中心：（010）64523633

经　　销：全国新华书店

印　　刷：北京中石油彩色印刷有限责任公司

2024 年 6 月第 1 版　2024 年 6 月第 1 次印刷

787×1092 毫米　开本：1/16　印张：10.5

字数：260 千字

定价：110.00 元

（如出现印装质量问题，我社图书营销中心负责调换）

《陆相页岩油富集条件与勘探实践 ——以松辽盆地南部为例》

撰写人员

王国锋	张大伟	邓守伟	张永清
赵占银	贺君玲	杨 亮	柳 波
宋 雷	邢济麟	温育森	高 硕

序一

　　进入 21 世纪以来，特别是近十余年来，石油工业最大的事件就是北美的"页岩气革命"，它不仅改变了世界石油工业的发展方向，对全球政治、经济和社会产生了深刻影响，也给中国的石油工业界带来了启示借鉴。"他山之石可以攻玉"，此话并不完整，任何理论方法的引入都必须与此地此时的具体实践相结合以创新发展，并且与彼时的历史相衔接以继承发扬。中国含油气沉积盆地以陆相沉积为主，有其自身的条件、环境和特征，必须闯出一条适合中国陆相页岩油的发展之路。

　　王国锋及其研究团队放眼于全球页岩油气发展，立足松辽盆地，重点于松花江以南地区，从中国石油勘探的主要理论——"陆相生油"出发，加强陆相页岩生聚机理研究和勘探开发实践，以实现"陆相页岩产油"为目标，近年来取得极为重要的成果，并形成了专著，其特色如下。

　　一是重机理分析。该书没有止步于对页岩沉积现象及储层特征的详尽描述，而是更进一步，对各种地质现象背后的机理进行深入分析，如页岩油储层微观孔隙结构特征评价及渗流机理、页岩油的形成富集机理、页岩储层缝网形成机理、页岩气储层微观渗流机理研究等。这些机理分析可令读者耳目一新，给该书增添了浓厚的学术探究色彩。

　　二是重理论创新。本书以国内理论研究和勘探实践为基础，参考国外海相页岩油勘探开发经验，总结出一套适用于中国陆相大型坳陷湖盆页岩油勘探开发的理论。即加强对页岩储层、结构、物性等方面的研究，解决了松辽盆地页岩油的一些难点问题，勘探取得了重要突破。

　　三是产学研用。青一段页岩储层以微米级—纳米级无机孔为主、有机质孔不发育，具有较好的储集性能和含油性。但较国外的页岩油具有储层非均质性强、有机质成熟度低、原油密度和黏度大、气油比低的特点，实现效益开发的难度大；青山口组页岩储层的黏土矿物含量普遍较高，当黏土矿物含量大于 50% 时，现有的压裂技术适用性不强。可以预期，通过攻关后，一定能取得重大成就。

主要著作者王国锋博士曾是我在大庆工作时的同事同行，他工作的单位就是古龙页岩油的主战场，到吉林工作后仍主攻页岩油领域，并取得新认识新发现。其中一部分成果，公开出版奉献于此，在陆相页岩油方兴未艾之际，对于我们从事研究与实践的工作者来讲是一件幸事，对于推动该领域的发展有重要的指导意义，感谢本书的著作者们。

中国工程院院士 孙龙德

　　美国依靠页岩油气革命，推动油气产量持续增加，逐步实现了能源独立。美国海相页岩油区带分布广泛，储量丰富，具有高成熟度、高丰度、低黏度、强流动性、易于开采等特点，已实现页岩油规模开采。2021 年，美国石油总产量约为 5.64 亿吨，页岩油产量约占总产量的 63%。未来 10 年，页岩油产量作为原油产量增长的主要来源，还将持续增长。据美国能源信息署（EIA）预测，到 2025 年，美国页岩油产量将达 5 亿吨，2030 年有望冲击 6 亿吨。

　　中国页岩油资源储量丰富，已探明的页岩油地质储量为 7200 亿吨，居世界第一，其中可开采量为 44 亿吨，仅次于美国和俄罗斯。中国页岩油多分布于中新生界陆相沉积盆地的五大层系中，即准噶尔盆地及三塘湖盆地二叠系、鄂尔多斯盆地三叠系、四川盆地侏罗系、松辽盆地白垩系及渤海湾、江汉等断陷盆地古近系泥页岩。但中国的页岩油分布复杂，具有成熟度低、分布零散、深度大等缺点，开采难度高。中高成熟度页岩油占比不到 10%，产层过于分散，分布在 47 个盆地。页岩油储层埋深大多分布在 3000 米地层中，而美国页岩油储层埋深大多为 1000 米，因此相对而言开采难度和成本较大。

　　松辽盆地青山口组为主要页岩油产层，具有较大的勘探开发潜力。松辽盆地南部青一段主要发育浅水辫状河三角洲—半深湖—深湖相页岩，页岩油资源丰富。该书系统梳理了吉林油田页岩油勘探认识，在岩性岩相分析基础上，对大型坳陷陆源碎屑湖盆大面积发育的半深湖—深湖区页岩开展岩相空间展布、储集空间类型与页岩油富集模式开展了研究，可供相关技术人员参考使用。

中国科学院院士　郭旭升

前　言

　　21 世纪以来页岩油气快速发展，在短短的十几年内，页岩油气的勘探开发完全改变了全球能源市场，成为能源领域的重要发展方向之一。随着中国页岩气规模勘探开发的成功，对页岩油也展开了积极的勘探开发。松辽盆地青山口组和嫩江组沉积时期发育两期大规模湖侵，中央坳陷区普遍发育了青山口组一、二段，嫩江组一、二段四套富有机质页岩，其中青一段页岩的有机质丰度高、热演化程度较高，是近期、中期页岩油风险勘探的重点层系。大庆油田和吉林油田历经六十年勘探，目前已全面进入非常规油气勘探阶段。页岩油作为非常规油气资源主要勘探开发的对象，成为吉林油田可持续稳定发展至为重要的接替资源。

　　2018 年以来，吉林油田加快了青一段页岩油的风险勘探，坚持"边研究、边攻关、边实施"策略，坚持直井和水平井并行，新井和老井复查并重，预探与风险勘探相结合，以技术提产为核心，加快了推进页岩油勘探开发进程，理论认识和工程技术取得了重要进展，现场实践取得了重大发现。但在页岩油富集机理方面的认识滞后于勘探实践，松辽盆地中央坳陷区青山口组泥页岩发育的地质背景有别于其他盆地，最大的差异是这套泥页岩形成于大型敞流型坳陷湖盆，具有独特的矿物组成和岩性岩相组合。相对于海相页岩，陆相页岩具有更强的气候敏感性，导致岩相横纵向变化较快，硅质以陆源碎屑石英为主；相对于小型闭流型断陷湖盆群，敞流型湖盆由于浅水三角洲物源输入充沛，古水体性质以淡水为主，在半深湖—深湖区沉积的页岩贫碳酸盐矿物，为黏土矿物含量较高的纯页岩。因此，松辽盆地青山口组页岩油的勘探难以照搬海相细粒沉积体系和咸化湖盆混积体系的页岩油勘探经验。在岩性岩相分析的基础上，对大型敞流型坳陷湖盆大面积发育的半深湖—深湖区页岩开展其储集空间类型与页岩油富集模式的研究极为重要。

　　松辽盆地南部青山口组一段泥页岩的有机质类型以 I 型和 II_a 型干酪根为主，有机质丰度高（TOC 为 1.0%~6.0%）、热演化程度较高（R_o 为 0.5%~1.3%，平均 1.05%），是页岩油风险勘探的重点层系。通过页岩"三品质"和"七性关系"建立的"甜点"评价标准，按照"TOC 大于 2%、S_1 大于 1mg/g、R_o 大于 0.7%、压力系数大于 1.21"标准，初步落实该区页岩油有利面积为 5000km²，资源量超过 50×10^8t。受物源和沉积环境控制，该区由大情字井三角洲前缘—前三角洲亚相至松原—大安深湖亚相形成了区域稳定分布的多个页岩层系，形成两类页岩油，即大情字井外前缘夹层型页岩油（砂质纹层发育，夹薄层砂岩单层小于 5m，砂地比小于 20%）和乾安—大安纯页岩型页岩油（砂岩及砂质纹层不发育），有利面积分别为 1300km² 和 3700km²，资源量分别为 20×10^8t 和 30×10^8t。吉林油田开展了两种类型页岩油井部署及提产改造试验，以"提产技术"为核心开展了一体化技术攻关，实施了 10 口井压裂改造，8 口井获工业油流，其中 3 口井获 10m³ 以上高产油流，展现了松辽盆地南部页岩油良好的勘探开发前景。

CONTENTS

目 录

第一章　页岩油形成的地质背景

第一节　盆地区域构造背景

一、地质背景及盆地性质

松辽盆地地处中国东北部，是中国最大的陆相油气盆地。盆地总面积约为 $2.6 \times 10^6 km^2$。侏罗纪和白垩纪，松辽盆地是一个大型内陆湖盆，动植物繁盛。新生代以后，地壳运动伴随着盆地萎缩，形成了如今广阔的松辽平原。

松辽盆地处于东北亚多向汇聚的构造背景下，围陷于南部索伦克缝合带、北部蒙古—鄂霍茨克缝合带以及东部古太平洋缝合带之间。南部的索伦克缝合带最终形成于二叠纪—三叠纪，是松辽盆地基底发育时期。东部的古太平洋是从前寒武纪至今一直存在的泛大洋，蒙古—鄂霍茨克洋作为古太平洋的一部分，其南北两侧的西伯利亚板块和华北板块在三叠纪以前均为古太平洋的同一边缘。古生代—中生代早期，这两个板块边缘陆壳不断增生，古太平洋板块不断后退，额尔古纳地块、松嫩地块和佳木斯地块等陆续拼合到华北地台上，形成了中国东北地区的基底，即阿穆尔地块（也有学者称之为兴蒙地块）。已有证据表明，蒙古—鄂霍茨克洋自西向东呈"剪刀式"逐步闭合，其东段在中国东北地区的西北部，大洋闭合作用发生于晚侏罗世—早白垩世。蒙古—鄂霍茨克洋东段的闭合作用对中国东北地区的构造变形与沉积建造有着广泛的影响。

松辽盆地划分为"五隆一坳"六个一级构造单元，分别为西部斜坡区、北部倾没区、中央坳陷区、东北隆起区、东南隆起区和西南隆起区。中央坳陷区位于盆地中部，在青山口组一段沉积过程中形成了大规模的厚层暗色泥岩，是盆地发展过程中沉降相对占优势的大型负向构造单元，长期为盆地的沉降、沉积中心。中央坳陷区构造演化历史可分为如下六个阶段，即断陷孕育期（火石岭组沉积期）、强烈断陷期（沙河子组沉积期）、弱挤压期（沙河子组沉积期末）、断坳转换期（营城组沉积期—登娄库组沉积早期）、坳陷期（登娄库组沉积中期—嫩江组沉积期）和盆地萎缩期（四方台组沉积期至现今）。

二、地层分布

松辽盆地中央坳陷沉积地层包括白垩系、古近系和新近系。白垩系由下至上依次沉积火石岭组、沙河子组、营城组、登娄库组、泉头组、青山口组、姚家组、嫩江组、四方台组、明水组（图 1-1）。

1. 火石岭组

火石岭组是早期沉积地层，为断裂构造层，与上覆地层呈角度不整合接触。该层位岩

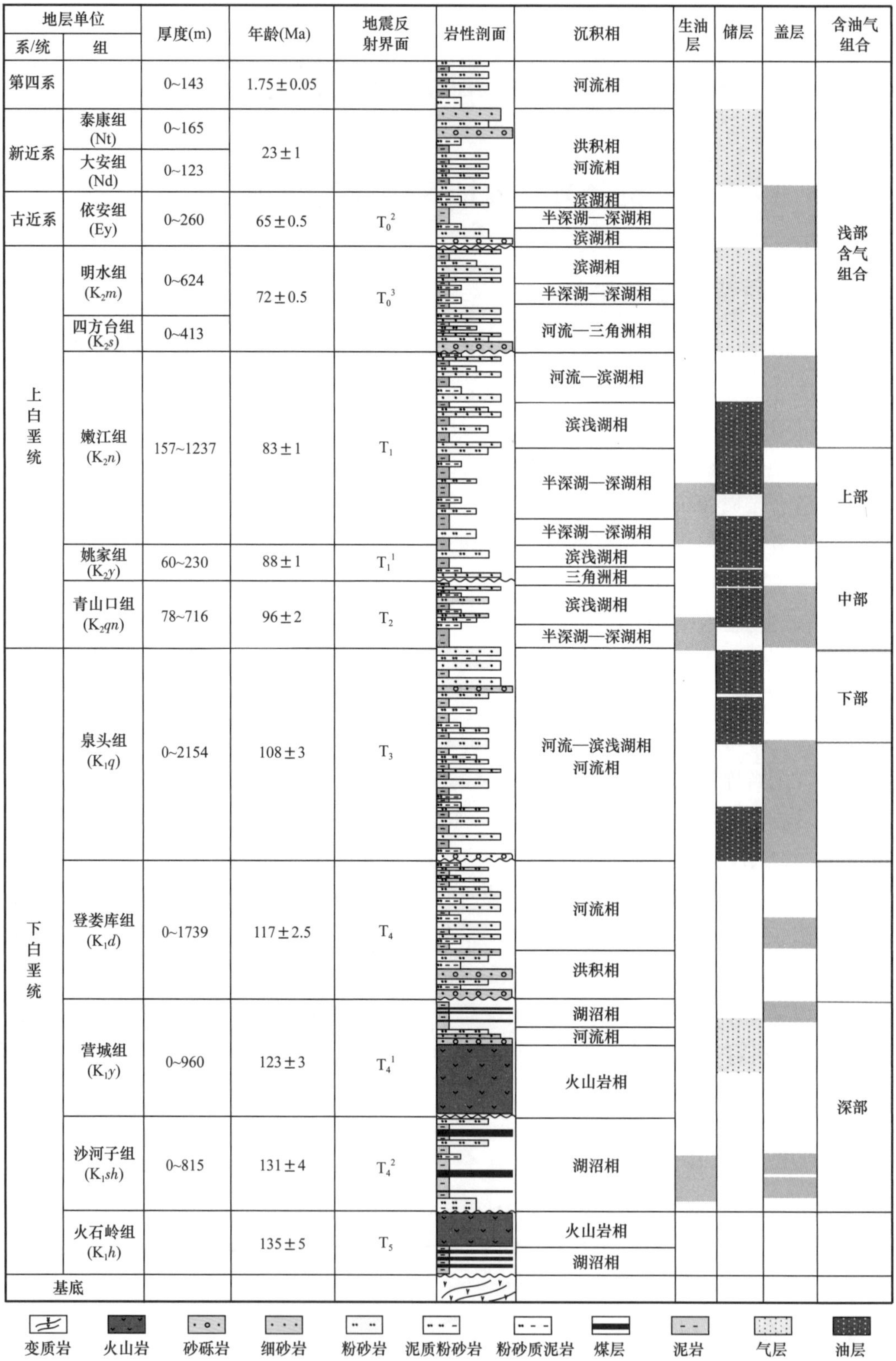

地层单位		厚度(m)	年龄(Ma)	地震反射界面	岩性剖面	沉积相	生油层	储层	盖层	含油气组合
系/统	组									
第四系		0~143	1.75±0.05			河流相				
新近系	泰康组 (Nt)	0~165	23±1			洪积相				浅部含气组合
	大安组 (Nd)	0~123				河流相				
古近系	依安组 (Ey)	0~260	65±0.5	T_0^2		滨湖相 半深湖—深湖相 滨湖相				
上白垩统	明水组 (K₂m)	0~624	72±0.5	T_0^3		滨湖相 半深湖—深湖相				
	四方台组 (K₂s)	0~413				河流—三角洲相				
	嫩江组 (K₂n)	157~1237	83±1	T_1		河流—滨湖相 滨浅湖相 半深湖—深湖相 半深湖—深湖相				上部
	姚家组 (K₂y)	60~230	88±1	T_1^1		滨浅湖相 三角洲相				中部
	青山口组 (K₂qn)	78~716	96±2	T_2		滨浅湖相 半深湖—深湖相				
下白垩统	泉头组 (K₁q)	0~2154	108±3	T_3		河流—滨浅湖相 河流相				下部
	登娄库组 (K₁d)	0~1739	117±2.5	T_4		河流相 洪积相				
	营城组 (K₁y)	0~960	123±3	T_4^1		湖沼相 河流相 火山岩相				深部
	沙河子组 (K₁sh)	0~815	131±4	T_4^2		湖沼相				
	火石岭组 (K₁h)		135±5	T_5		火山岩相 湖沼相				
基底										

图例：
变质岩　火山岩　砂砾岩　细砂岩　粉砂岩　泥质粉砂岩　粉砂质泥岩　煤层　泥岩　气层　油层

图 1-1 松辽盆地地层综合柱状图

性主要为玄武岩、凝灰岩和安山岩。

2. 沙河子组

沙河子组沉积时期古湖泊水深较深，主要为半深湖—深湖相。该层下部岩性粒度较细，以暗色泥岩和泥质砂岩为主，随着水体变浅粒度逐渐变粗，上部变为砂砾岩。沙河子组与下伏地层呈角度不整合接触。

3. 营城组

营城组沉积时期发生过火山活动。该组下部为沉积岩，以灰绿色安山玄武岩、凝灰质砂岩、砂砾岩、灰色砂岩、砂砾岩及灰黑色泥岩为主，上部为酸性火山岩和火山碎屑岩，以紫灰色、浅灰色、灰色熔结凝灰岩、熔结角砾凝灰岩为主。营城组与上下地层均呈角度不整合。

4. 登娄库组

登娄库组为坳陷构造层，分布的范围相对较为局限。该组下部粒度较粗，岩性以灰白色砂砾岩为主，夹少量凝灰岩。中部粒度较细，以泥质砂岩、泥岩为主。上部粒度较粗，岩性为夹砂砾岩、灰绿色泥岩。登娄库组与下伏营城组呈角度不整合接触。

5. 泉头组

泉头组为坳陷构造层，是河流—湖泊相，该沉积期古气候较为干旱，盆地内部以河流相为主，向盆地边缘粒度逐渐变粗。该层岩性以紫灰色砂砾岩、紫红色泥岩夹灰绿色、紫灰色砂岩粉砂岩为主，粒度向上突然变细，反映出湖水快速上升的特点。泉头组与下伏地层登娄库组存在不整合接触。

6. 青山口组

青山口组沉积时期古气候温暖、潮湿，经历了松辽盆地第一次海侵，古水体高、还原性强。青山口组生物繁盛，种属较其他时期明显增加，化石含量丰富。钻探资料显示，该层位平面上岩性变化大，王府凹陷、三肇凹陷、古龙凹陷为深湖—半深湖相的暗色页岩。青一段岩性以黑色泥岩夹灰色粉砂岩为主，含介形虫层。砂岩主要发育在古龙凹陷西部，向湖盆中心厚度逐渐减薄，黄铁矿较为发育。青二段、青三段主要为黑色泥岩夹薄层灰色粉砂岩。青山口组与下伏地层泉头组为不整合接触。

7. 姚家组

姚家组沉积时期古水体深度变浅，为滨浅湖相。姚家组底部粒度细，到上部逐渐变粗。姚一段以紫红色、灰绿色泥岩为主，姚二段和姚三段以粉砂质泥岩、泥质粉砂岩、粗粒砂岩为主，是良好的储层。姚家组发育了萨尔图和葡萄花油层。

8. 嫩江组

嫩江组沉积时期水体深，嫩一段沉积速率加快，古水体面积快速扩张；嫩二段水体面积进一步扩大，发生湖侵事件，主要为深湖—半深湖相。是松辽盆地白垩纪生物群的第二次繁盛。嫩一段、嫩二段的底部以黑褐色油页岩为主，为主要的生油层。嫩三段—嫩五段发育黑帝庙油层，岩性多为灰色泥质粉砂岩、粉砂岩，夹杂少量灰绿色泥岩条带，或砂岩与泥岩互层。

9. 四方台组

四方台组沉积时期盆地开始萎缩，地层分布范围小。该组地层厚度较小，岩石颗粒粒度由下至上逐渐变细。下部以灰色的粗粒级的砂砾岩为主，夹棕灰色、灰绿色砂岩和泥质粉砂岩。中部发育杂色粉砂质泥岩、泥质粉砂岩。上部以棕红色或灰色泥岩为主，夹少量灰白色、灰绿色粉砂岩及泥质粉砂岩。四方台组与下伏地层呈角度不整合接触。

10. 明水组

明水组沉积时期盆地继续萎缩，地层分布范围更小。该组地层岩石颗粒粒度由下至上逐渐变粗，下部以灰绿色泥岩以及粉砂质泥岩为主，含有少量灰、灰绿色杂色砂岩，上部发育较多泥质粉砂岩以及粉砂岩。明水组与上覆地层存在不整合接触。

三、盆地演化特征

根据板块环境、构造与沉积特征，松辽盆地的形成演化可划分五个阶段（图 1-2）：

1. 成盆先期褶皱阶段（P_2—T）

古生代末期欧亚板块向南东方向运动，与古太平洋板块碰撞，造成大陆向海洋方向的倾斜，使整个中国东北和日本诸岛发生大规模褶皱，松辽地区大范围抬升，伴随有强烈的岩浆活动，有大规模的花岗岩浆侵入，深部莫霍面可能发生起伏，三叠纪早期经过侵蚀夷平，略具准平原化。晚二叠世—早三叠世，松辽板块发生了约 25° 的绝对逆时针旋转运动，松辽盆地现今北纬 46° 的位置处于当时北纬 22°～23° 的低纬度地区。

2. 初始张裂阶段（J_{2-3}）

中晚侏罗世，地表经前期剥蚀，岩石圈较薄，深部莫霍面拱起已达较高程度，上地幔造成局部异常，产生热点，导致盆地早期的初始张裂，形成规模不等的裂陷。沿断裂发生较强烈的岩浆活动，用脉动构造学的观点，可解释壳内能量的积聚与释放形成两个喷发旋回，此时盆地西部地壳破裂较强，火山活动强烈，而东部地壳破裂不完全，以产生裂陷为主，充填了巨厚的裂谷式补偿沉积。自早三叠世开始，松辽板块发生了大规模的北向漂移。

3. 裂陷阶段（K_1h—K_1d）

早白垩世早期，盆地中部莫霍面拱起使异常地幔作用明显，造成持续拉张。此时孙吴—双辽壳断裂活跃，中央断裂隆起上升，两侧形成拉张裂陷，陡峻断崖地形明显，呈现出与贝加尔湖、红海形态近似的裂谷。裂陷沉降速度快、物源多、水动力强，沉积补偿作用强，因而沉积物以较粗屑类复理石建造为主，并形成目前盆地的雏形。

沙河子组沉积时期以伸展为主，形成新的断陷，主要为北东、北北东向展布，莫霍面上升幅度较大，又发生了一次火山活动。

营城组和登娄库组沉积时期，初始张裂的松辽早期裂谷未能继续大规模裂开，而呈现出封闭趋势，逐渐结束其裂谷阶段。该期断陷趋于萎缩，伸展率变小，构造沉降幅度降低，盆地周缘开始隆起，热流值最大达到 108.37mW/m^2。

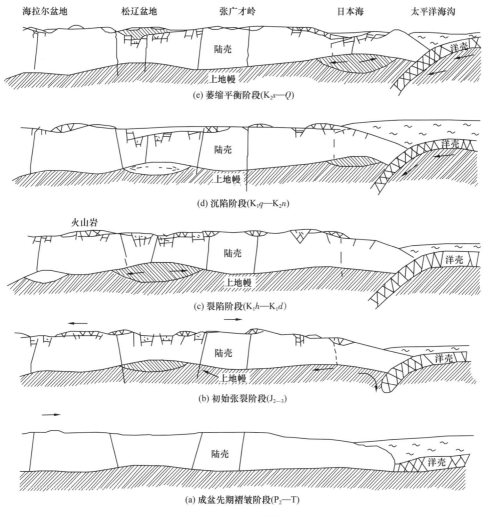

图 1-2　松辽盆地演化模式图

该时期松辽板块继续向北漂移，松辽盆地古纬度为 40.65°（现今北纬 46° 位置），与早三叠世相差 17.38°，漂移距离约 1738km。

4. 沉陷阶段（K$_1$q—K$_2$n）

进入早白垩世中期，由于岩石圈逐渐冷却，产生热收缩（弹性回降），此时在全球板块控制作用下，地壳呈不均一的整体下沉，进入裂陷基础上的叠覆沉陷。

此时由于太平洋板块向中国大陆俯冲作用的加强，在松辽盆地形成左旋转换引张应力体制，导致盆地大幅度沉降加速，沉陷面积和幅度不断增大，在35Ma（距今100—65Ma）内沉积了一套厚达3000m的砂泥岩互层的河湖三角洲相含油建造。在上地幔拱起的最高地带，均衡调整作用最强烈，形成中央深坳陷。在引张应力作用下再次伸展，发生断裂及岩浆活动，再次出现高地温，遭受两次海侵。

地壳运动平面上的差异造成沉陷的不均一性，表现为前期有东部和中部两个沉降中心，中后期东部沉降中心逐渐消失，造成东部发育早期断陷，中部多数发育长期凹陷，西部为长期的斜坡带，大面积缓慢沉降，地层逐层超覆，表现出沉积范围和轴线摆动以及西移。

早白垩世末，松辽板块与西伯利亚板块相碰撞，产生强烈挤压，之后由于部分变形松弛，应力释放，产生了一定幅度的"反弹"运动或侧向蠕动，松辽板块向南漂移运动了6.6°。

晚白垩世中期，日本海开始扩张，向西的推挤力波及盆地，即所谓的"嫩江运动"，产生压扭应力场后发生褶皱运动，盆地普遍上升，东部地区更为明显，局部构造及二级构造带形成，结束了这一阶段。

5. 萎缩平衡阶段（K₂s—Q）

嫩江运动以后，盆地深部地质结构逐渐趋于调整均衡，盆地全面上升，湖盆规模收缩，仅为前期的四分之一。挤压运动一方面使先期地层发生褶皱，另一方面，挤压力也可使盆地边缘差异性隆起、盆地中心差异性沉降（Cloetingh，1992）。因此在总体上升的背景下，盆地东部差异性抬升，沉积中心再次西移，沉降速度缓慢，盆地的构造运动为被动升降。日本海进一步扩张，并伴随有轻微的褶皱运动，盆地东、中部构造幅度进一步加大，西部形成一批浅层构造。

在挤压应力体制下，形成特殊类型的叠加构造样式——反转构造。一种是断裂型正反转构造，即下部为正断层，上部为逆断层，如孤店、大安、林甸、任民镇断层等；另一种为背斜型正反转构造，即下部为断陷式（向斜）构造，上部为背斜构造，如大庆长垣。

古近系—新近系、第四系是在侵蚀夷平的基础上沉积的一套磨拉石建造，此时活动性很弱，盆地呈现出渐趋消亡的特征。

第二节　青一段沉积古环境

一、天文旋回

1. 地球轨道参数分析

经典米兰科维奇旋回理论认为，轨道参数的周期性变化导致地球表面日照量变化，偏心率、斜率和岁差三个参数引起地球表层气候系统发生周期性波动，地层中记录对应温度、水深、植被等气候要素敏感变化，形成不同级别的旋回。根据松辽盆地青山口的"浮动"天文标尺数据，计算出白垩纪各地球轨道参数（表1-1）。相对稳定的米兰科维奇旋回周期意味着轨道参数之间的比率关系一般也是稳定的，因此利用各参数之间的比率，在较小的误差范围内，通过自然伽马测井数据分析的谱峰之间存在的相等或相近的旋回比率，就可以初步判断地层中记录了米兰科维奇旋回信息。

表 1–1　白垩纪米兰科维奇周期、频率及其频率比值

参数	周期（Ma）	频率（Hz）	频率比值					
			e_1	e_2	a_1	a_2	p_1	p_2
e_1	0.405	2.47	1.00	—	—	—	—	—
e_2	0.125	8.00	3.24	1.00	—	—	—	—
a_1	0.048	20.83	8.44	2.60	1.00	—	—	—
a_2	0.0375	26.67	10.8	3.33	1.28	1.00	—	—
p_1	0.0225	44.44	18.0	5.56	2.13	1.67	1.00	—
p_2	0.0184	54.35	20.01	6.79	2.61	2.04	1.22	1.00

注：e_1 为长偏心率；e_2 为短偏心率；a_1 为斜率 1；a_2 为斜率 2；p_1 为岁差 1；p_2 为岁差 2。

研究中，青山口组一段自然伽马测井的测量间距均为 0.125m。自然伽马（GR）测井数据范围在 78～167API，其中 GR 低值对应地层中的泥灰岩夹层，GR 高值对应黑色页岩、泥岩及油页岩。选择研究区取心井的 GR 数据进行小波变换分析，通过傅里叶变换对 GR 信号进行连续分解，去除噪声及高频信号，对剩余信号进行重新组构，得到相对平稳的信号（图 1–3），提取频率并进行频谱分析。利用小波分析工具的 db5 小波对 GR 曲线进行 10 层小波分解，得到 10 条不同级次的小波系数 K 曲线。分析各曲线发现 d1、d2 曲线显示出的频率信息大于岁差 p_2 频率，而 d9、d10 两条曲线频率低于长偏心率 e_1 频率，据此认为与米兰科维奇周期相关的信息主要在集中在 d3～d8 曲线之中。进一步对 d3～d8 各小波系数曲线进行频谱分析，选择能量相对集中的优势频率作为旋回地层划分的依据，通过优势频率与波长对应关系，确定地层旋回周期，计算旋回厚度。结果表明，优势频率出现在 d3、d4、d5、d6 和 d8 曲线中（表 1–2），其频率比值 21.79∶6.79∶2.63∶2.02∶1.23∶1.00 与表 1–1 中的地球轨道参数周期的频率比值 20.01∶6.79∶2.61∶2.04∶1.22∶1.00 相近，证明青一段地层沉积与米兰科维奇旋回具有良好的对应关系。

2. 小波分析划分米兰科维奇旋回

由于一维小波的连续分解可以提取 GR 曲线的低频信号，利用这种方法得到可以显示整体变化趋势的低频信号。对 GR 曲线进行 1∶1∶128 的连续小波变换，得到 128 个 × 1246 个连续小波变换因数矩阵，连续小波变换因数时频色谱图是图形化的相似因数显示（图 1–4），亮色部分表示相似因数大，深色部分表示相似因数小，从图 1–4 小波色谱图中可以看出主要有 3 种级别的周期。用不同 a 值的 morl 小波从左到右与原始信号对比，选

取尺度因子分别为 128、64、32 的小波因数变化曲线代表 3 种级别周期，低频曲线对应中地质周期、中频曲线对应长地质周期，而高频曲线则显示为相变剧烈面。

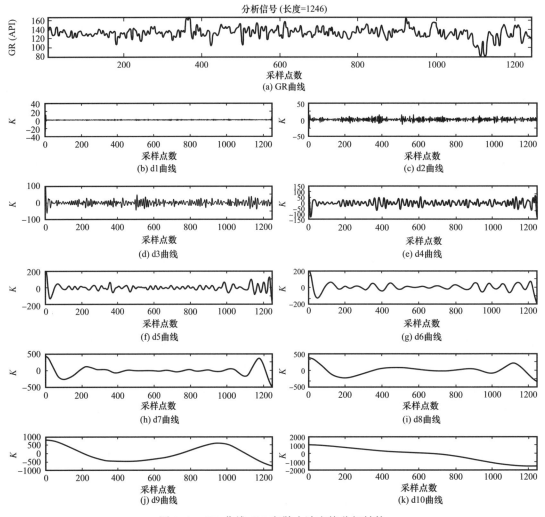

图 1-3　GR 曲线 db5 离散小波变换分解结构

表 1-2　d3、d4、d5、d6、d8 的优势频率及其比值

小波变换系数曲线	米兰科维奇参数	优势频率（Hz）	频率比值					
			e_1	e_2	a_1	a_2	p_1	p_2
d8	e_1	0.00024	1.00	—	—	—	—	—
d6	e_2	0.00077	3.21	1.00	—	—	—	—
d5	a_1	0.00199	8.29	2.58	1.00	—	—	—
d5	a_2	0.00259	10.79	3.36	1.30	1.00	—	—
d4	p_1	0.00426	17.75	5.53	2.14	1.64	1.00	—
d3	p_2	0.00523	21.79	6.79	2.63	2.02	1.23	1.00

参照研究区青一段地层测录井及其他资料，确定小波系数 a 为128 的曲线对应Ⅳ级层序，表现为轨道参数控制下的整个周期内的气候变化情况；a 为64 的曲线对应 V 级层序，表现为短偏心率周期中气候波动引起的基准面升降和物质供给变化；a 为32 的曲线对应Ⅵ级层序，表现为斜率周期中气候波动引起的基准面升降变化。不同 a 值与旋回层序的对应曲线的振荡趋势不同，由此通过小波系数即可反映出其与层序界面的关系。

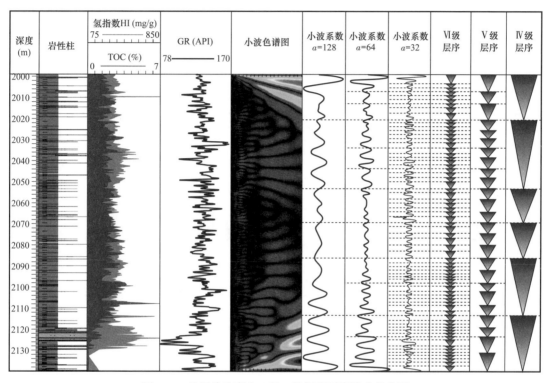

图1-4 松辽盆地青山口组一段沉积层序综合柱状图

3. 频谱分析划分米兰科维奇旋回

频谱分析通过按频率顺序展开时间序列的信号强度，使其成为频率的函数，目的在于识别出地层信号中的周期性成分。频谱能量分析图（图1-5）中能量谱峰的高低表示 GR 信号的相对强弱，对应地层出现的次数。能量值越大，表示该区域这种地层出现的次数越多、矿物组成相似度越高。通过分析频谱能量图中的主频值，提取高频信息，对比地层沉积可求出其相应的波长，得到旋回地层的厚度。图1-5 中频谱能量相对强的点为 d3、d4、d5、d6 和 d8 曲线频谱，通过其对应的频率计算出地层主要旋回厚度为41.667m、12.988m、5.025m、3.861m、2.347m、1.912m（表1-3），其比例关系为21.792：6.792：2.628：2.019：1.228：1，与轨道周期405ka：125ka：48ka：37.5ka：22.5ka：18.4ka 的比例关系22.011：6.793：2.609：2.038：1.223：1 非常接近，其中12.988m 和5.025m 沉积旋回对应的周期分别为125ka 和48ka。将偏心率、斜率和岁差在同一频谱（图1-5f）中进行分析，认为青一段地层旋回主要受125ka 的短偏心率周期和48ka 的斜率周期控制。

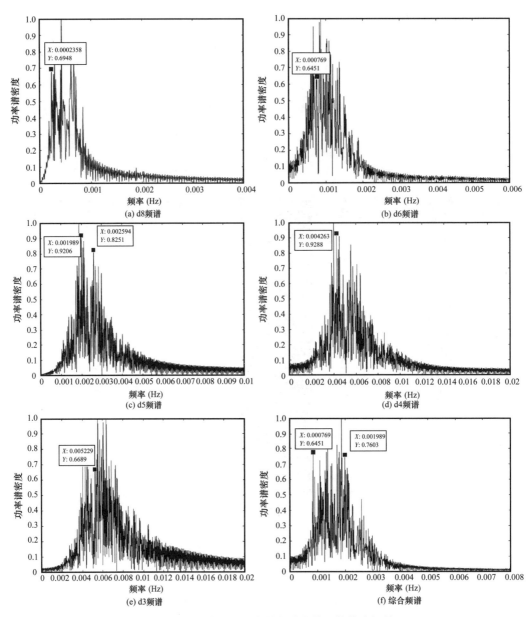

图1-5　GR曲线db5离散小波变换系数曲线频谱

表1-3　青一段地层旋回厚度及比例关系

地层	厚度（m）	厚度比值	理论比值	轨道周期（ka）
青一段	41.667	21.792	22.011	长偏心率405
	12.988	6.792	6.793	短偏心率125
	5.025	2.628	2.609	斜率48
	3.861	2.019	2.038	斜率37.5
	2.347	1.228	1.223	岁差22.5
	1.912	1	1	岁差18.4

由于已经利用频谱分析在地层中识别出完整的米兰科维奇旋回信号，进一步将信号调谐到理论曲线上，换言之，就是调谐到天文目标曲线上，可以将曲线从深度域转换为时间域，古气候替代指标的时间序列，以此去除沉积速率变化所带来的影响，同时建立浮动天文年代标尺，精确地计算地层或地质事件的持续时间。从 GR 曲线数据中提取以 125ka 和 48ka 为周期的两条曲线作为调谐曲线，建立青山口组一段的天文年代标尺（图 1-6）。短偏心率调谐信号上每两条蓝色调节线之间为一个短偏心率 125ka 周期，其中共保存了 25 个这样的旋回周期，持续时间大约为 3.13Ma；斜率调谐信号上每两条粉色调节线之间为一个斜率 48ka 周期，其中共保存了 68 个这样的旋回周期。根据前人研究已确定的青一段地层底界年龄为 94Ma，推断青山口组一段顶界地层年龄为 90.87Ma，由此得到具有较高分辨率的等时地层界面，从而提高高分辨率层序地层格架的准确度。

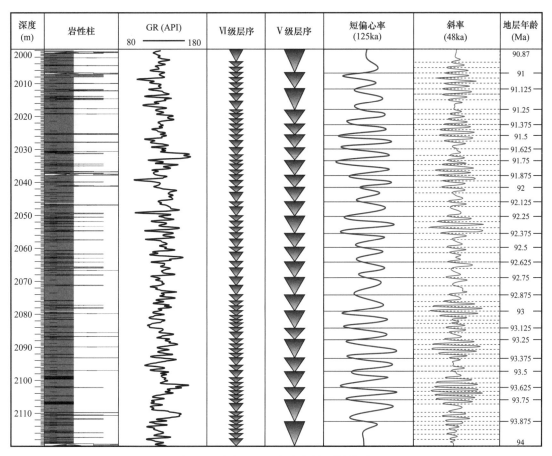

图 1-6　青山口组一段高频旋回划分对比

分析结果显示，频谱分析划分出的青一段Ⅳ级旋回周期和Ⅴ级旋回周期结果与小波变换结果相吻合，地层旋回接线的误差在 5% 以内浮动，相似度达到 95% 以上，进一步说明了青一段沉积物具有周期性变化特征，并且这种变化的旋回性受米兰科维奇旋回的控制。

二、古环境演化

1. 沉积背景

青山口组一段沉积时期，发生了大规模的水浸，形成了湖盆广布、水深可达半深湖—深湖的大型湖盆，湖泊最大面积达 $8.7×10^4km^2$。在该时期，形成了大规模的水底厌氧还原性环境，沉积了厚层富有机质的暗色泥岩和页岩，既是该盆地的主力烃源岩层系，又是页岩油主要发育层段。松辽盆地南部青一段主要发育西部、西南和东南三大物源，周缘砂岩的沉积体范围及规模因物源的不同而存在差异。其中，西部物源垂直盆地长轴，源近流短，终止于大安以西；东南部物源受青山口组早期、中期湖盆扩张影响，发育范围较小；西南部物源总体方向与盆地长轴近平行，源远流长，分布于通榆、保康、长岭、乾安一带（图1-7）。

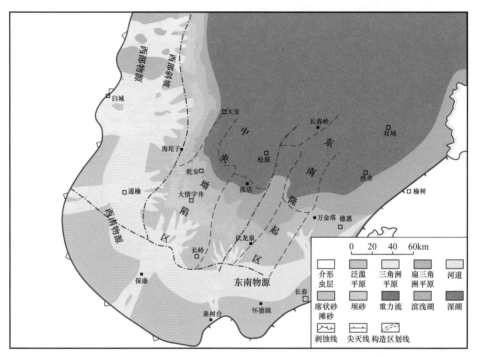

图 1-7 松辽盆地南部长岭凹陷区域地质背景图

2. 生物标志化合物的母质来源指示意义

1）正构烷烃

正构烷烃的碳数分布情况及其主峰碳的碳数可用于表征原油及烃源岩的有机质来源和沉积环境。C_{15}—C_{20} 为短链正构烷烃，其主要来源为细菌和海洋浮游藻类如甲藻；C_{21}—C_{25} 为中链正构烷烃，其主要来源为水生植物例如为沉水、漂浮与挺水植物；C_{27}—C_{35} 为长链正构烷烃，其主要来源为陆源高等植物的表层蜡质。大86井饱和烃 C_5—C_{20}、C_{21}—C_{25}、C_{27}—C_{35} 的相对含量范围为30.51%～56.90%、31.07%～42.61%、8.03%～29.45%。根据该区的 C_{15}—C_{20}、C_{21}—C_{25}、C_{27}—C_{35} 相对含量可知（图1-8），该区生源母质以细菌和海洋浮游藻类为主，兼有部分沉水、漂浮、挺水植物以及少量的高等植物。

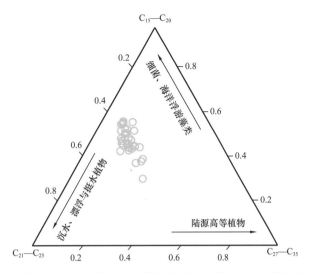

图 1-8　松辽盆地中央坳陷青一段烃源岩正构烷烃相对含量分布特征

2）甾烷类化合物

不同母源的有机质的 C_{27}、C_{28}、C_{29} 甾醇、甾酮、甾酸类化合物含量不同，C_{27}、C_{28}、C_{29} 甾酸在成岩过程中转化为 C_{27}、C_{28}、C_{29} 甾烷，因此用 C_{27}、C_{28}、C_{29} 甾烷相对含量判断生源母质是较为有效的方法。C_{27}、C_{28} 甾烷与藻类输入有关，C_{29} 甾烷一般表示有机质来自陆地植物有机物，C_{27}、C_{28}、C_{29} 甾烷之间不会受成岩作用、成熟度等因素相互转化。通过 C_{27}—C_{29} 规则甾烷三角图版（图 1-9）可知，大 86 井位于湖盆边缘，沉积环境复杂，生源母质多样，沉积环境为浅湖相。

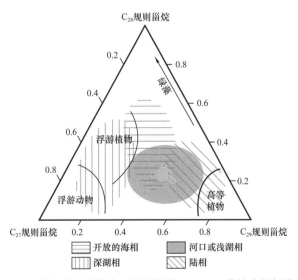

图 1-9　松辽盆地中央坳陷青一段烃源岩 C_{27}—C_{29} 甾烷含量相关关系图

3）萜烷系列

萜烷系列在各种成因的原油及烃源岩中均有分布，主要化合物为三环萜烷系列和五环三萜烷系列（图 1-11）。C_{19}—C_{21} 三环萜烷可能由高等植物中的二萜类先质转化而成，陆

源有机质中 C_{19} 和 C_{20} 三环萜烷含量占优，咸化湖相和海相这些高盐度的沉积环境中 C_{23} 三环萜烷含量占优。因此三环萜烷的相对含量可以作为划分有机质类型，并判断青一段沉积时期沉积环境。可以得出，大 86 井的陆源有机质的相对含量相对较多，与陆源沉积物来源的距离较近（图 1-10）。

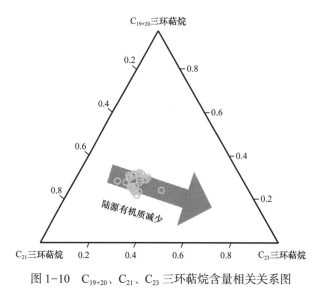

图 1-10　C_{19+20}、C_{21}、C_{23} 三环萜烷含量相关关系图

3. 生物标志化合物的沉积环境指示意义

1）类异戊二烯烃

姥鲛烷（Pr）和植烷（Ph）主要的来源是光合生物中叶绿素 a 的植醇侧链，还原条件下植醇加氢、还原后经脱水而转化成植烷，氧化条件下植醇脱羧基、氧化转化成姥鲛烷。一般而言，Pr/Ph 小于 0.5 代表典型的强还原性沉积环境；0.5～1.0 为还原环境；1～2 为弱氧化—弱还原环境；Pr/Ph 大于 2 反映氧化环境。大 86 井 Pr/Ph 范围是 0.71～1.32，平均值为 1.02。指示着该区沉积环境为还原—弱还原。一般用姥鲛烷 /n-C_{17}、植烷 /n-C_{18} 的比值共同指示沉积环境和有机质类型。根据姥鲛烷 /n-C_{17}、植烷 /n-C_{18} 交会图可知（图 1-11），松辽盆地中央坳陷青一段烃源岩指示为还原环境，生源母质以象征着海相有机质的藻类为主。

2）甾烷类化合物

来自生活在水体分层界面附近的纤毛虫体内的伽马蜡醇会转化为伽马蜡烷，因此伽马蜡烷象征着水体分层，可用于表征水体盐度。伽马蜡烷指数（伽马蜡烷 /C_{30} 藿烷）是表征水体盐度和分层的重要指数，其值与古水体盐度成正比。从伽马蜡烷 /C_{30} 藿烷与姥鲛烷 /植烷相关关系图（图 1-12）可以看出，随着还原性的增强，盐度也随之增加。

本节对青一段古环境的评价应用 Pr/Ph 评价氧化还原特征，伽马蜡烷指数评价盐度，C_{21}/C_{23} 三环萜烷评价物源特征。其中，Pr/Ph 数值越低，还原环境越强；伽马蜡烷指数越高，盐度越高；C_{21}/C_{23} 三环萜烷值越高，陆源有机质贡献越大。

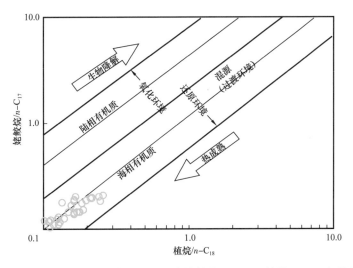

图 1-11　松辽盆地中央坳陷青一段烃源岩姥鲛烷 /n-C_{17}、植烷 /n-C_{18} 相关关系图

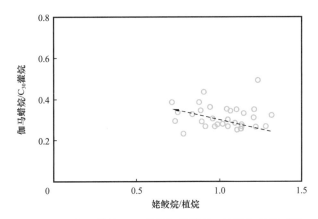

图 1-12　伽马蜡烷 /C_{30} 藿烷与姥鲛烷 / 植烷相关关系图

4. 青一段沉积环境特征

从纵向上来看，青一段沉积前期沉积环境较为稳定，波动较小，后期沉积环境波动较大。青一段沉积环境纵向演化如下（图 1-13）：

第 0~1 个短偏心率旋回：沉积速率较低。Pr/Ph 值减小，伽马蜡烷指数减小，C_{21}/C_{23} 三环萜烷变化较小，反映了该沉积时期还原性增强，盐度降低，陆源有机质输入几乎不变。

第 2 个短偏心率旋回：沉积速率略有升高。Pr/Ph 值增加，伽马蜡烷指数增加，C_{21}/C_{23} 三环萜烷变化较小，反映了该沉积时期还原性减弱，盐度变化较小，陆源有机质输入几乎不变。

第 3 个短偏心率旋回：沉积速率较低。Pr/Ph 值减小，伽马蜡烷指数减小，C_{21}/C_{23} 三环萜烷变化较小，反映了该沉积时期还原性增强，盐度降低，陆源有机质输入几乎不变。

第 4 个短偏心率旋回：沉积速率较低。Pr/Ph 值增加，伽马蜡烷指数增加，C_{21}/C_{23} 三环萜烷增加，反映了该沉积时期还原性减弱，盐度升高，陆源有机质输入增加。

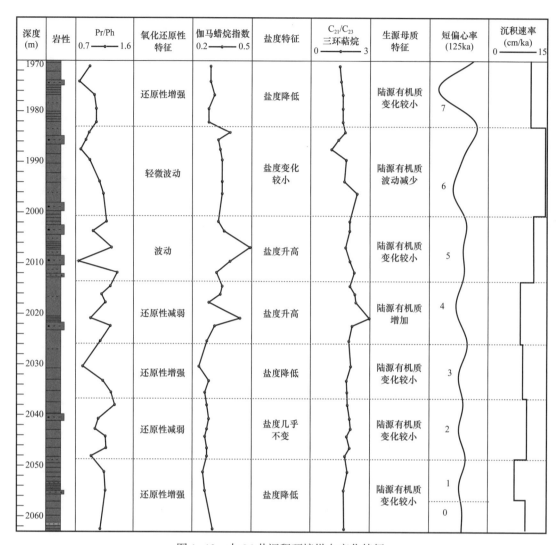

深度 (m)	岩性	Pr/Ph 0.7——1.6	氧化还原性特征	伽马蜡烷指数 0.2——0.5	盐度特征	C₂₁/C₂₃三环萜烷 0——3	生源母质特征	短偏心率 (125ka)	沉积速率 (cm/ka) 0——15
			还原性增强		盐度降低		陆源有机质变化较小	7	
			轻微波动		盐度变化较小		陆源有机质波动减少	6	
			波动		盐度升高		陆源有机质变化较小	5	
			还原性减弱		盐度升高		陆源有机质增加	4	
			还原性增强		盐度降低		陆源有机质变化较小	3	
			还原性减弱		盐度几乎不变		陆源有机质变化较小	2	
			还原性增强		盐度降低		陆源有机质变化较小	1	
								0	

图 1-13　大 86 井沉积环境纵向变化特征

第 5～7 个短偏心率旋回：沉积速率较快。沉积环境波动较大。

青山口组一段富有机质页岩的形成，是由古气候、水体氧化还原性条件、生物生产力、沉积速率等多个要素相互配置与耦合的结果。因页岩沉积与水体环境、沉积速率关系较大，故本次研究只讨论水体环境、沉积速率对有机质富集的影响。

该区伽马蜡烷指数较高，Pr/Ph 较低，反映了该区青山口组一段为盐度较高的还原—弱还原环境。伽马蜡烷指数与 Pr/Ph 呈现明显的负相关关系，反映了有较为明显的水体分层现象，这种水体环境为有机质保存提供了良好的环境。当水体环境为氧化环境时，O_2会消耗大量的有机质，将有组分转化成无机组分，降低有机质浓度；当水体为还原环境时，有机质能得到较好的保存。水体盐度和温度形成的稳定分层作用，可以使水体底部形成缺氧环境。上层含氧水体与底层缺氧水体在分层界面处于无循环的停滞状态，底层缺氧水体基本静止，这就为有机质保存提供了良好的条件。

TOC 的富集与沉积速率有一定的相关性。根据前人研究，当沉积速率在一定范围内时，TOC 随着沉积速率的增加而增大，沉降在水体沉积物表面的有机质埋藏的效率就越高，在氧化还原带中遭受的微生物分解破坏就越少，这些有机质可以快速地度过早成岩期而进入成岩后期，形成干酪根或者生成早期油气。当沉积速率超过一定范围时，TOC 随着沉积速率的增加而减少，说明过高的沉积速率会将有机质稀释，从而降低沉积物中 TOC 的浓度。因此，适宜的沉积速率有利于有机质的保存。青山口组一段下部沉积速率较低，其 TOC 含量也相对其他两个层位较高，说明该层位适宜的沉积速率为有机质保存提供了良好的基础（图 1-13）。

总体来看，青一段页岩的原始有机质主要来自藻类、细菌，沉水、漂浮与挺水植物，含有少量的高等植物。结合沉积环境以及有机质富集特征，可将青一段的纵向演化特征分为如下 3 个阶段（图 1-14）：

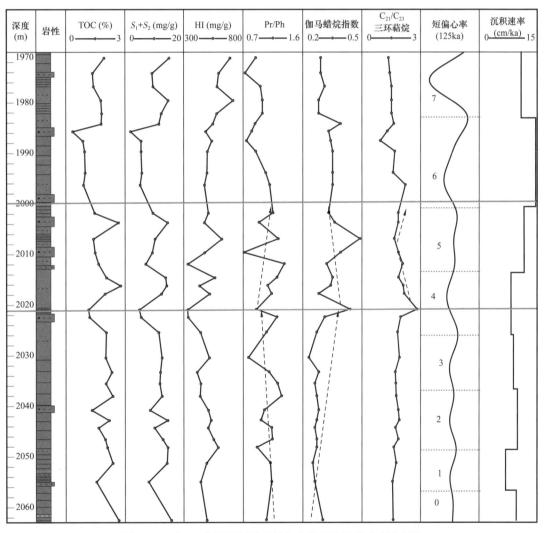

图 1-14　大 86 井沉积环境条件与有机质富集纵向变化特征

青一段沉积初期，持续约 4 个段偏心率周期，Pr/Ph 值均减小，伽马蜡烷指数均增加，反映了该沉积时期还原环境增强，盐度增加。沉积速率适宜，海侵为湖盆带来了丰富的藻类、细菌，提供了丰富的有机质。同时海侵带来了盐分，水体盐度较高，呈还原性质，为有机质提供了较好的保存条件，在该阶段有机质品质最好，含量最高。

青一段沉积中期，持续约两个段偏心率周期，Pr/Ph 值均增加，伽马蜡烷指数均减小，反映了该沉积时期氧化环境增强，盐度减小。盐度、还原性与沉积初期相差不大，因沉积速率加快，将有机质稀释，从而降低沉积物中 TOC 的浓度。

青一段沉积晚期，持续约两个段偏心率周期，Pr/Ph 值、伽马蜡烷指数、C_{21}/C_{23} 三环萜烷变化没有特定的规律，且变化波动较大，反映了该沉积时期水体环境变化较大，物源输入变化较大。沉积速率继续加快，同时沉积环境发生变化，盐度、还原性波动较大，有机质沉积、保存条件较差，从而造成该阶段有机质含量低、品质差。

第二章　页岩岩石学特征与成因

第一节　页岩的无机矿物组成

一、页岩矿物组成

松辽盆地南部青一段下部发育浅水辫状河三角洲,向深湖推进较远,形成了一套受物源输入影响明显的细粒沉积体系。页岩层系粉砂质层的矿物组分中主要包括石英、长石等脆性矿物,方解石、白云石等碳酸盐矿物,以及高岭石、伊利石、蒙皂石等黏土矿物。在松辽盆地南部11口井77块样品全岩矿物X射线衍射分析的基础上,将实验结果投到黏土、碳酸盐和长英质矿物的三端元图内,可以看到研究区岩石矿物成分以石英、长石和黏土为主,含有少量方解石和黄铁矿(图2-1)。

其中粉砂质纹层黏土矿物含量在6.4%~32.9%之间,平均值为21.41%;石英含量在14.3%~48.2%之间,平均值35.56%;长石含量在10%~36.2%之间,平均值为27.6%;方解石含量在0~35.7%之间,平均值为10.18%;白云石含量在0~11.2%之间,平均值为4.56%;黄铁矿含量在0~13.7%之间,平均值为3.28%。

而粉砂质夹层的黏土矿物含量在0~19.5%之间,平均值为7.33%;石英含量在12.6%~53.4%之间,平均值为30.05%;长石含量在1.1%~59.4%之间,平均值为36.14;方解石含量在0~70.6%之间,平均值为17.54%;白云石含量在0~32.90%之间,平均值为8.98%;黄铁矿含量在0~5.8%之间,平均值为2.57%。

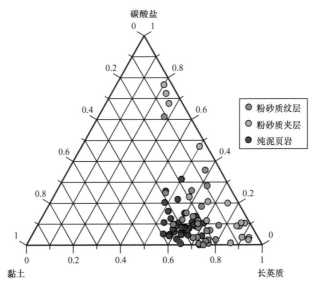

图2-1　矿物成分三角图

相比于粉砂质纹/夹层而言，纯页岩黏土矿物含量在18.5%～39.40%之间，平均值为29.84%；石英含量在22.7%～42.9%之间，平均值为35.16%；长石含量在11%～37.5%之间，平均值为21.16%；方解石含量在0～20.8%之间，平均值为6.35%；白云石含量在0～21.8%之间，平均值为7.31%；黄铁矿含量在0～11.8%之间，平均值为4.11%。从矿物成分上看，黏土矿物含量平均值：纯页岩（29.84%）＞粉砂质纹层（21.41%）＞粉砂质夹层（7.33%），而相比于粉砂质纹层与纯页岩，粉砂质夹层中的碳酸盐矿物偏高。综合认为，粉砂质纹/夹层的发育是黏土矿物降低的主要因素（图2-2）。

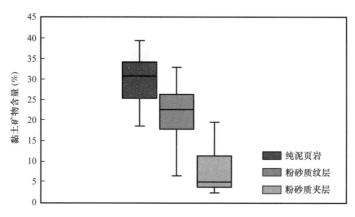

图2-2　不同岩石类型黏土矿物含量箱形图

二、页岩沉积构造

看似均质的泥页岩不仅仅是一个岩性单元，而是包含了多种岩石类型的地层单元，其主体是泥页岩和泥灰岩等细粒沉积物，同时包含了泥页岩层系内部的粉砂岩、砂岩和碳酸盐岩等相对粗粒沉积物，具有较强的非均质性。根据Bates和Jackson（1987）、Potter等（2005）对岩石层系中纹层与夹层的定义，将单层厚度小于1cm的粉砂质层定义为粉砂质纹层，将与其相邻的单层厚度小于1cm的泥质层定义为泥质纹层，将单层厚度大于1cm的粉砂质层定义为粉砂质夹层，本书所提到的粉砂质层是粉砂质纹层与粉砂质夹层的统称。

1. 粉砂质纹层

粉砂质纹层厚度较小，多小于1cm，水平层理密集产出，岩性多为粉砂岩或泥质粉砂岩。主要是由灰黑色泥质纹层与灰白色的砂质纹层互层所形成，在粉砂质纹层与泥质纹层接触面多发育层理缝（图2-3a）。纹层中多见顺层排列的薄壳介形虫碎片、炭片等。形态以平直为主，也常见微波状和不连续透镜状纹层，纹层疏密一般较均匀，纹层密度范围较大。镜下薄片观察可见明显的粉砂质条带，泥质纹层部分碎屑含量少，粒级较小（图2-3b）。矿物组成方面，黏土矿物成分含量一般在10%～35%之间，碳酸盐含量一般小于15%，石英和长石的含量一般在65%～85%之间。TOC一般在0～2%之间。此类构造代表季节性悬浮和化学交替沉积，沉积环境为半深湖下的静水环境。

2. 粉砂质夹层

粉砂质夹层单层厚度大于1cm，以灰色粉砂岩为主，可含少量泥质纹层，暗色层和浅色层交接的地方界线一般平直清晰。镜下观察时，可以看到较多的粗碎屑石英、方解石等。矿物组成方面，黏土矿物含量一般小于15%，碳酸盐矿物含量一般小于30%，石英和长石一般可达60%以上。其有机质含量较低，TOC一般小于1%。是滨浅湖相最为发育的岩石类型（图2-4）。

(a) 岩心照片　　　　　　　　　　　　　　(b) 薄层照片

图2-3　粉砂质纹层（C1井，2332.28m）

(a) 岩心照片　　　　　　　　　　　　　　(b) 薄层照片

图2-4　粉砂质夹层（H1井，1591.16m）

3. 粉砂质层沉积构造

沉积作用对粉砂质纹/夹层的形成起到了重要的作用。沉积作用不仅控制着岩石的厚度、规模、空间分布等宏观特征，还决定着岩石的颗粒成分、大小、排列、分选、含量、胶结类型、填隙物含量等微观特征，控制着岩石的原始物性，对岩石的成岩作用类型、进程及强度起着重要作用，是低孔低渗储层形成的内在因素。

沉积构造的形态可以反映岩石沉积时的沉积环境，如水动力情况及沉积速度，是分析岩石沉积成因的重要依据。水动力较强时形成粒度较粗的砂岩，水动力较弱条件下形成粒度较小的泥页岩。通常在弱水动力条件下，在水中悬浮的细粒沉积物不再搬运移动，由于自身重力沉到水底并形成水平纹层，当没有生物扰动和水动力变化时，水平纹层就可以很好地保存下来。松辽盆地南部青一段发育大套的湖泊沉积泥页岩，整体以黑色为主，岩石较致密，水平层理普遍发育，其主要通过矿物成分和粒度的变化、颜色突变和层理厚度改变而被肉眼直接发现。通过观察砂质纹／夹层形态特征和连续性将粉砂质层划分为平直状、波纹—透镜体状和变形状三种沉积构造。平直状粉砂质层的界面较为平直，粉砂质层与泥质层一般频繁互层，在岩心上一般连续，近水平方向分布，其内部粒度组成可显示粒序变化，此种类型常发育于泥页岩中，在水动力较弱的环境下沉积形成（图 2-5a、b）。波纹—透镜体状砂质纹层形态为透镜状或齿状，在岩心上连续或断续发育，可顺水平方向发育，也可呈一定角度分布，常在某一方向上发生尖灭或与其他纹层合并，在水动力较强的环境下沉积形成（图 2-5c、d）。变形状常发育变形构造，由一组发育平行层理的粉砂质纹层和相邻的泥质层共同组成，粉砂质纹层的底部和顶部与泥页岩的接触面一般都是突变的，部分是渐变的。常见负荷构造、火焰状构造，在水动力较强的环境下沉积形成（图 2-5e、f）。

(a) 平直状 (F101 井，699.45m)

(b) 平直状 (G42 井，1943.2m)

(c) 波纹—透镜体状 (D44 井，2164.25m)

(d) 波纹—透镜体状 (F60 井，1926.80m)

(e) 变形状 (D23 井，1994.89m)

(f) 变形状 (D44 井，2158.50m)

图 2-5　粉砂质层沉积构造图

三、粉砂质层的发育特征及预测

1. 露头尺度粉砂质层的发育特征

鸟河乡剖面实测露头厚度为 14.30m，剖面共发育单层厚度不小于 2mm 的粉砂质纹／

夹层 33 层，最大厚度为 8cm，最小厚度为 0.2cm，累计厚度约为 47.6cm，占测量泥岩段总厚度的 3.31%。粉砂质纹 / 夹层密度主要在 1～2 层 /m 之间变化，最高达 6 层 /m，平均为 2 层 /m。单层厚度具有幂指数分布特征，符合分形模型（图 2-6）。

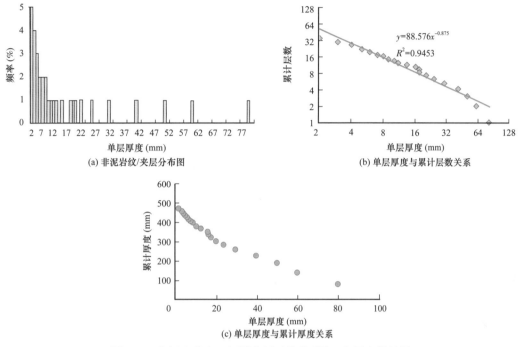

(a) 非泥岩纹 / 夹层分布图

(b) 单层厚度与累计层数关系

(c) 单层厚度与累计厚度关系

图 2-6 鸟河乡青山口组露头剖面粉砂质纹 / 夹层实测结果

德惠菜园子剖面实测露头厚度为 6m，地层产状在 15° 左右，剖面地层侧向延伸稳定，标志层明显，嫩江组一段上部岩性为灰色泥岩，下部发育泥质粉砂岩，夹有数层的粉砂质纹 / 夹层和介壳灰岩层（图 2-7）。测量结果显示，德惠菜园子露头剖面粉砂质纹 / 夹层单层厚度及分布具有较强的非均质性。发育粉砂质纹 / 夹层共 13 层，单层厚度主要集中在 12cm 以下，最大厚度为 32cm，最小厚度 3cm，平均厚度为 10.92cm，累计厚度 142cm，粉砂质夹层占比为 23.67%，密度为 46.15cm/ 层。粉砂质纹 / 夹层层厚与累计层数之间 N—S（number-size）模型特征明显，单层厚度具有幂指数分布特征，符合率 83.6%，符合分形模型（图 2-8）。

图 2-7 德惠菜园子剖面

2. 岩心尺度粉砂质层的发育特征

黑 60 井岩性主要为黑色泥岩，中间夹数量不等的粉砂质纹/夹层。测量发现，黑 60 井 2420～2421.6m 段共发育粉砂质纹/夹层 115 层，最大厚度为 3.2cm，最小厚度为 0.1cm，平均厚度为 0.263cm，累计厚度为 35.3cm，约占测量段总厚度的 22.06%。粉砂质纹/夹层单层厚度主要分布在 0.1～4cm 之间。统计单层厚度与累计层数上的分布具有幂指数分布特征，粉砂质纹/夹层单层厚度与累计层数在双对数坐标系下约为一条直线，符合 N—S 分形模型，符合率 98.85%（图 2-9）。

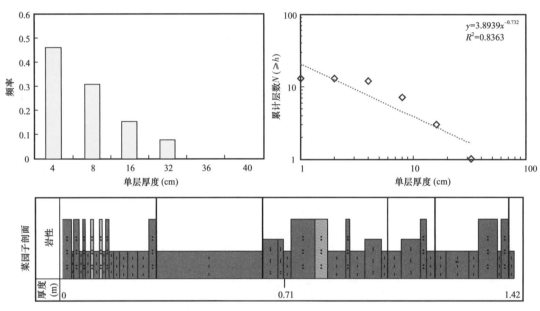

图 2-8 菜园子嫩江组露头剖面粉砂质纹/夹层实测结果

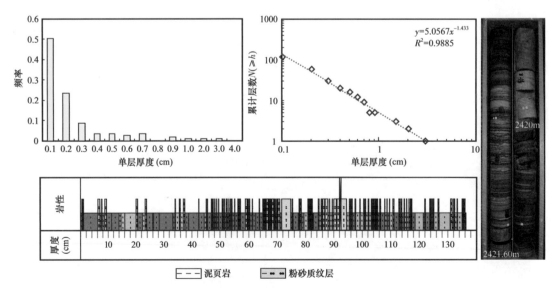

图 2-9 黑 60 井青一段粉砂质纹/夹层实测结果

红 68 井岩性主要为黑色泥岩，中间夹数量不等的粉砂质纹 / 夹层。测量发现，红 68 井 2106.65～2110.45m 段共发育粉砂质纹 / 夹层 90 层，最大厚度为 9.1cm，最小厚度为 0.1cm，平均厚度为 0.48cm，累计厚度为 43.4cm，约占测量段总厚度的 11.42%。粉砂质纹 / 夹层单层厚度分布在 0.1～9cm 之间。统计发现单层厚度与累计层数上的分布具有幂指数分布特征，粉砂质纹 / 夹层单层厚度与累计层数在双对数坐标系下约为一条直线，符合 N—S 分形模型，符合率 98.29%（图 2-10）。

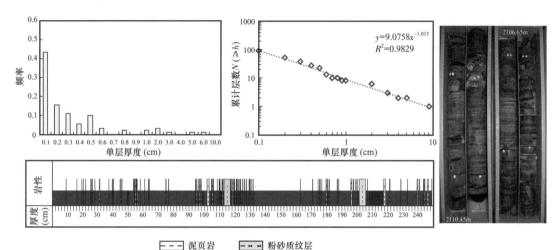

图 2-10 红 68 井青一段非泥质纹 / 夹层实测结果

大 23 井为连续取心井，岩性主要为黑色泥岩，中间夹数量不等的粉砂质纹 / 夹层。深度 1994～1996.75m 共观测到粉砂质纹 / 夹层 71 层，最小厚度为 0.1cm，最大厚度为 3.4cm，累计厚度为 31.6m，约占测量段总厚度的 13.09%。粉砂质纹层单层厚度主要分布在 0.1～4cm 之间。统计发现单层厚度与累计层数上的分布具有幂指数分布特征，粉砂质纹 / 夹层单层厚度与累计层数在双对数坐标系下约为一条直线，符合 N—S 分形模型，符合率 95.16%（图 2-11）。

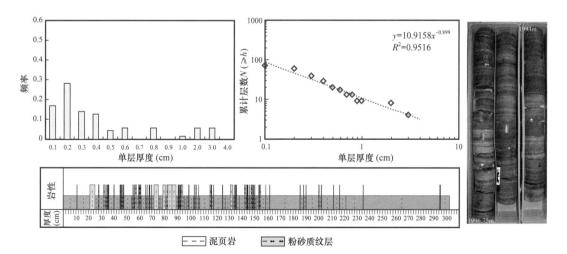

图 2-11 大 23 井青一段非泥质纹 / 夹层实测结果

3. 粉砂质纹／夹层的分形预测

前人在研究沉积地层厚度分布特征时发现，地层的厚度具有幂指数分布的特征，可用 N—S 模型进行描述。本节采用 N—S 模型来研究砂质纹／夹层厚度和分布的分形特征。在该模型中，若粉砂质纹／夹层的厚度及分布具有分形特征，粉砂质纹／夹层的单层厚度（h）与厚度不小于 h 的纹／夹层总数 $N(\geqslant h)$ 应当符合以下的关系式：

$$N(\geqslant h)=C \times h^{-D} \tag{2-1}$$

或者

$$\lg[N \geqslant h]=-D \times \lg h+C \tag{2-2}$$

式中 $N(\geqslant h)$ ——厚度不小于 h 的砂质纹层／夹层的累计层数；

h ——砂质纹／夹层的单层厚度；

D ——分形维数；

C ——常数。

把这些数据放在双对数坐标下作图，并用最小二乘法进行拟合，若 $N(\geqslant h)$ 和 h 呈线性关系，所拟合的直线的斜率即为分形维数值（D）。累计厚度值 H 可利用下式计算：

$$\sum_{h_s}^{h_{max}} h=\int_{h_s}^{h_{max}} \frac{\mathrm{d}N(\geqslant h)}{\mathrm{d}(h)} h\mathrm{d}h+h_{max}=\frac{C \times D}{1-D} \times (-D+1)\int_{h_s}^{h_{max}} h^{-D}+h_{max} \tag{2-3}$$

式中 h_s ——特定厚度值。

为了验证结果的准确性，利用分形预测的黑 60 井、红 68 井、大 23 井的岩心粉砂质纹／夹层发育的层数和累计厚度与实际测量作对比。计算结果显示，黑 60 井计算粉砂质纹／夹层数 136 层，实测为 115 层，误差约为 18%。计算粉砂质纹／夹层总累计厚度 38.43cm，实测总累计厚度 35.3cm，误差约为 8.9%。红 68 井计算粉砂质纹／夹层数 93，实测层数 90，误差约为 3.33%。粉砂质纹／夹层计算总累计厚度 50.68cm，实测总累计厚度 43.4cm，误差 16.77%。大 23 井计算层数 86 层，实测为 71 层，误差约为 21.13%。计算总累计厚度 35.30cm，实测总累计厚度 31.6cm，误差约为 11.7%。

综上所述，无论是野外剖面还是岩心观测，不同尺度的粉砂质纹／夹层数据在双对数坐标系下，基本呈线性关系。这种层厚和层数的幂指数分形特征，相关系数在 0.836~0.988 之间，相关性较好。虽然粉砂质纹／夹层可以通过岩心观测直接识别出，但是由于研究区取心井段较少、直接观测费时费力等原因，需要寻找测井手段进行粉砂质层的大面积的准确预测。

第二节 页岩生烃潜力评价

一、页岩地球化学特征

1. 有机质丰度

青山口组有机质丰度（TOC）分布较广（差异较大），最小值为 0.08%，最大值可达 6.01%；TOC 主要分布在 1%～2% 之间，占比 57.32%；TOC 小于 0.4% 频率最小，仅为 1.26%；TOC 大于 1% 占比 79.36%，说明青山口组是较好的烃源岩，具备较强的生油潜力。产油潜力（S_1+S_2）最小值为 0.02mg/g，最大值为 59.65mg/g；产油潜力主要分布区间为 2～6mg/g（中等烃源岩）和 2～20mg/g（好烃源岩），分别占比 34.51% 和 41.94%（图 2-12）。氯仿沥青"A"大部分位于 0.1%～2% 之间，总体有机质丰度均在中等以上。青山口组青一段底部烃源岩较好，具较高的有机质丰度与产油潜力。

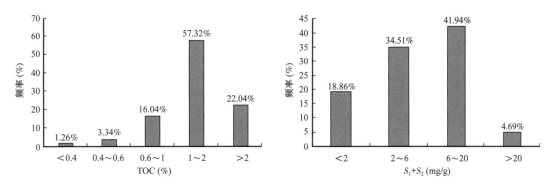

图 2-12　松辽盆地南部青山口组 TOC、产油潜力频率分布图

青一段整体具有好—中等生烃潜力，TOC 与 S_1+S_2 处于非常好的比例较多，是由于青一段目前处于生油窗，大量生成油气的排出使得其生烃潜力指标有所下降。各层系烃源岩均以生油为主，生气极少（图 2-13）。

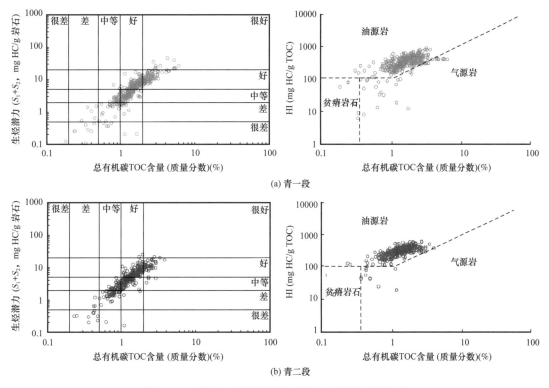

图 2-13　青山口组烃源岩质量及生油气潜力评价图

2. 有机质类型

氢指数（HI）与岩石最大热解峰温（T_{max}）关系图指示出（图 2-14），青一段以 II_a 型干酪根为主，优于青二段；青二段烃源岩有机质类型以 II_a 和 II_b 型干酪根为主，兼有 I 型和 III 型。同时根据现有样品的分析结果，青一段泥岩的热解烃在 $0.18\sim76.22mg/g$ 范围内，平均值为 $15.91mg/g$，从 S_2 与 TOC 的线性斜率（$R^2=0.72$）得到实际氢指数（HI）约 571mg HC/g TOC，表明青一段主要为 II_1 型干酪根；青二段泥岩的热解烃在 $0.22\sim80.36mg/g$ 范围内，平均值为 683mg/g，从 S_2 与 TOC 的线性斜率（$R^2=0.69$）得到实际氢指数（HI）约 534mg HC/g TOC（图 2-15）。

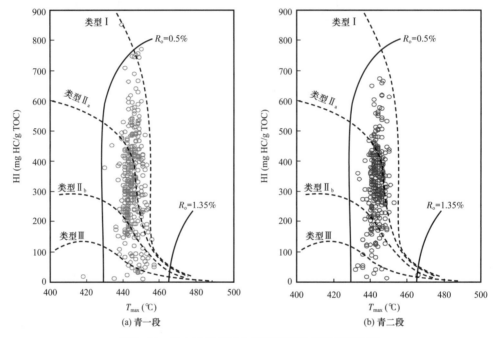

图 2-14　青山口组主要生烃层系有机质类型划分图

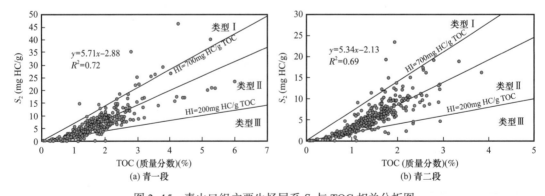

图 2-15　青山口组主要生烃层系 S_2 与 TOC 相关分析图

3. 有机质成熟度

有机质成熟度是影响页岩油资源丰度的重要因素，低有机质成熟度页岩中有机质尚未大量生烃，无法有效地转化成页岩油；过高的有机质成熟度会促使原油进行二次裂解形成页岩气，进而降低页岩油的资源潜力。因此，适当的有机质成熟度是页岩油资源富集的重要条件。松辽盆地南部青山口组页岩有机质成熟度和深度具有较好的正相关性，随着深度的增加而增加（图2-16）。有机质成熟度主要分布在0.7%～2%之间，占比88%，其中青一段占比90%，青二段、青三段占比82%（图2-17）。

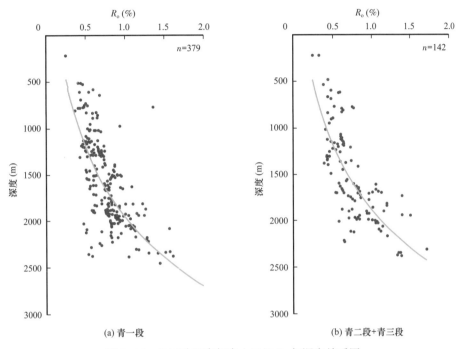

图 2-16 松辽盆地南部青山口组 R_o 与深度关系图

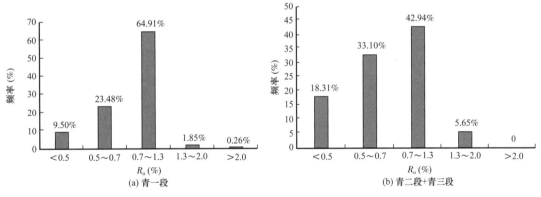

图 2-17 松辽盆地南部有机质成熟度频率分布图

二、页岩生烃品质发育特征

1. 生烃品质的测井评价原理

由 EXXON/ESSO 石油公司提出的 $\Delta \lg R$ 法是目前国内外最为普遍和成功应用的由测

井资料评价 TOC 的技术。其基本原理如图 2-18 所示：利用自然伽马曲线及自然电位曲线可以辨别和排除储集层段。将电阻率和声波测井曲线反向对置，让两条曲线在细粒非烃源岩处重合，并确定为基线。显然，由于声波在有机质中的传播速度慢于无机矿物（声波时差大于无机矿物）和油气的电阻率高，在含有机质／油气的层段，两条曲线会偏离基线产生一定的幅度差 $\Delta \lg R$。可以看到，在未成熟的富含有机质的岩石中还没有油气生成，两条曲线之间的差异主要由声波时差曲线响应造成；在成熟的烃源岩中，除了声波时差曲线响应之外，因为有液态烃类存在，电阻率增加，使两条曲线产生更大的间距。显然，幅度差（$\Delta \lg R$）越大，泥页岩含有机质／含油量越高。

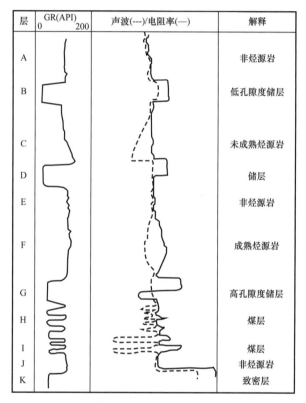

图 2-18　$\Delta \lg R$ 方法识别高含有机质地层示意图（据 Passey 等，1990）

由声波时差、电阻率计算 $\Delta \lg R$ 的公式为

$$\Delta \lg R = \lg \left(R/R_{\text{基线}} \right) + 0.02 \left(\Delta t - \Delta t_{\text{基线}} \right) \tag{2-4}$$

式中　$\Delta \lg R$——两条曲线间的幅度差；

　　　R——测井实测电阻率，$\Omega \cdot \mathrm{m}$；

　　　$R_{\text{基线}}$——基线对应的电阻率，$\Omega \cdot \mathrm{m}$；

　　　Δt——实测的声波时差，$\mu \mathrm{s/ft}$[1]；

　　　$\Delta t_{\text{基线}}$——基线对应的声波时差，$\mu \mathrm{s/ft}$。

　　0.02 可视为是对数坐标系下的电阻率与算术坐标系下声波时差的归一化系数，即一个

――――――――――

[1]　1ft=0.3048m。

对数坐标系下电阻率的单位对应 0.02 个声波时差单位。$\Delta \lg R$ 与总有机碳含量呈线性相关，并且是成熟度的函数，由 $\Delta \lg R$ 计算有机碳的经验公式为

$$\text{TOC}=\Delta \lg R \times 10\ (2.297-0.1688\text{LOM})+\Delta \text{TOC} \qquad (2-5)$$

式中　TOC——计算的总有机碳含量，%；

　　　LOM——反映有机质成熟度，可以根据大量样品分析（如镜质组反射率、热变指数、$T_{\max}$ 分析）得到，或从埋藏史和热史评价中得到；

　　　ΔTOC——总有机碳含量背景值。

最初提出的上述公式计算有机碳含量需要确定 LOM、ΔTOC 并人为确定基线，并且预先给定 0.02 的归一化系数。一些学者近些年的应用表明，这会导致一定的误差，影响计算 TOC 的精度。因此，对上述模型进行了优化与改进：

将上述固定的归一化系数 0.02 改为待定系数 K，则式（2-4）为

$$\Delta \lg R=\lg\ (R/R_{\text{基线}})+K\ (\Delta t-\Delta t_{\text{基线}}) \qquad (2-6)$$

其中

$$K=\lg\ (R_{\max}/R_{\min})\ /\ (\Delta t_{\max}-\Delta t_{\min}) \qquad (2-7)$$

K 值的物理意义为每个对数坐标系下电阻率的单位个数对应的声波时差（$1\mu\text{s/ft}$）单位个数；式（2-6）中 $\lg\ (R/R_{\text{基线}})$ 是无量纲的，$(\Delta t-\Delta t_{\text{基线}})$ 是有量纲的，K 值的地质意义为将 $(\Delta t-\Delta t_{\text{基线}})$ 转化为无量纲的数，使 $(\Delta t-\Delta t_{\text{基线}})$ 与 $\lg\ (R/R_{\text{基线}})$ 量级相当，共同构成 $\Delta \lg R$。当规定对数坐标系下的每个电阻率单位对应算术坐标系下 $50\mu\text{s/ft}$ 声波时差刻度范围时，K 值为 0.02。

确定基线之后，不难得到：

$$\Delta t_{\text{基线}}=\Delta t_{\max}-\lg\ (R_{\text{基线}}/R_{\min})\ /K \qquad (2-8)$$

$\Delta t_{\text{基线}}$、$R_{\text{基线}}$ 与式（2-6）中意义相同，$R_{\min}\ (\Delta t_{\min})$ 和 $R_{\max}\ (\Delta t_{\max})$ 分别为声波时差和电阻率曲线叠合时电阻率（声波时差）曲线刻度的最小值、最大值。将式（2-7）和式（2-8）代入式（2-6），则式（2-6）可进一步推导为

$$\Delta \lg R=\lg R+\lg\ (R_{\max}/R_{\min})\ /\ (\Delta t_{\max}-\Delta t_{\min})\ \times\ (\Delta t-\Delta t_{\max})-\lg R_{\min} \qquad (2-9)$$

由于一口井常存在多个基线值，需分井段建立解释关系式，建立模型的深度范围内 R_{o} 变化一般不大，这样式（2-5）中 $10\times\ (2.297-0.1688\text{LOM})$ 可视为定值，记作 A。建立模型的深度范围内可将式（2-5）可修改为

$$\text{TOC}=A\times\Delta \lg R+\Delta \text{TOC} \qquad (2-10)$$

式中　ΔTOC——有机碳含量背景值。

将式（2-7）和式（2-9）代入式（2-10）可得

$$\begin{aligned}\text{TOC}&=A\times\ [\lg R+K\ (\Delta t-\Delta t_{\max})-\lg R_{\min}]+\Delta \text{TOC}\\&=A\times\lg R+AK\times\Delta t-A\ (K\Delta t_{\max}-\lg R_{\min})+\Delta \text{TOC}\end{aligned} \qquad (2-11)$$

式（2-11）中，A、$\Delta t_{\max}$、$R_{\min}$、ΔTOC 为常数，显然，计算总有机碳含量受归一化系数 K 值影响。

利用地球化学数据较多、测井数据质量好的探井，考察归一化系数对计算总有机碳的影响（图2-19），从图中可以看出，$\Delta\lg R$与实测有机碳的相关系数R^2随归一化系数K规律性变化，说明归一化系数K确实影响计算总有机碳含量的精度。

令K取最优值（最优K值能使计算总有机碳与实测总有机碳间相关度R^2最大），则可得到改进的$\Delta\lg R$模型：

$$TOC=a\times\lg R+b\times\Delta t+c \qquad (2\text{-}12)$$

式（2-12）中，a、b、c均为拟合公式的系数。这样，改进的模型在无需LOM和ΔTOC参数，不需人为读取基线值的条件下便可以计算出总有机碳含量。

选取合适的K值能增强$\Delta\lg R$与TOC之间的相关性，这可以从以下角度理解：

（1）声波时差主要对岩石骨架响应，在富含有机质但有机质尚未成熟的烃源岩段，$\Delta\lg R$主要由声波时差曲线响应造成；电阻率曲线主要对孔隙中流体响应，在成熟的烃源岩中，除了声波时差曲线响应之外，因为有烃类流体的存在，电阻率增加，$\Delta\lg R$由声波时差曲线和电阻率曲线共同响应造成。从式（2-6）看出：K值变小时，$\Delta\lg R$主要由电阻率曲线响应造成，主要识别的是烃源岩中烃类流体部分，对干酪根识别的能力差，故K值较小时，对于相对富含烃类流体、贫乏干酪根的烃源岩段计算有机碳含量效果较好；K值变大时，$\Delta\lg R$主要由声波时差曲线响应造成，主要识别的是烃源岩中干酪根部分，对于相对富含干酪根贫乏烃类流体的烃源岩段计算有机碳含量效果较好。从这个角度上讲，调节K值相当于调节识别烃源岩中烃类流体和干酪根能力之间比重的问题。

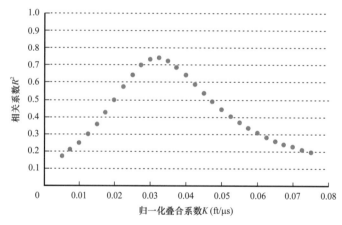

图2-19　$\Delta\lg R$与实测有机碳的相关系数R^2随归一化叠合系数K变化曲线

（2）声波时差和电阻率都对孔隙度的变化敏感，孔隙度增大意味着骨架体积减小和导电水体积增大，导致声波时差增大而电阻率减小，二者变化幅度呈比例。只要声波时差和电阻率曲线归一化系数K选取适当，孔隙度变化会使这两条曲线产生同样幅度的偏移，可以消除孔隙度对有机碳测井的响应。从这个角度上讲，调整K值的过程又是调整声波时差和电阻率之间的相对比重，消除孔隙度对有机碳测井响应影响的过程。

这样，若想提高$\Delta\lg R$与总有机碳的相关性，关键在于找到最优的K值。由上面的分析知，K值较小（大）时，对烃源岩中烃类流体（干酪根的）识别能力较强，对干酪根

（烃类流体）的识别能力较弱。同时 K 值较小（较大）时主要依赖一条测井曲线响应，往往不能有效地消除孔隙度因素对有机碳测井响应的干扰，故 K 值较小（较大）时识别有机碳含量的准确性不会很高。K 值由小变大的过程是一个从主要识别烃类流体逐渐向烃类流体和干酪根共同识别、从主要依赖一条曲线响应无法抵消孔隙度影响向两条曲线并用逐渐消除孔隙度对有机碳测井响应逐渐过渡的过程。故理论上随着 K 值由小到大，识别有机碳含量的准确性应呈现先增大后减小的趋势，由增大到变小的转折点为最优归一化系数。

也有学者引入更多的测井曲线，如密度测井、伽马（能谱）等来提高评价的精度，但有时会制约推广应用（有些测井资料有限），有时会增加应用的难度。也有人利用神经网络技术来建立评价模型，在建模井的精度可能很高，但外推的效果往往难以保证。

基于上面的分析，上面的原理模型同样可以用于由测井资料评价页岩中的氯仿沥青"A"/S_1 的含量。只不过标定模型的待定参数时，要用氯仿沥青"A"/S_1 的实测值来进行，且 K 值会不相同。

2. 评价模型的建立

烃源岩是油气成藏和含油气系统的基础，对其准确、客观、快速的评价是含油气盆地勘探、评价的首要任务。随着勘探程度的不断加深以及对烃源岩非均质性研究的深入，依靠钻井取心样品进行实验分析获得的不连续的地球化学参数已经不能满足现阶段勘探的需求。借助测井曲线信息的连续性，综合分析测井信息获取连续的地球化学参数，将其对泥页岩进行有机非均质性进行连续评价的方法已经得到广泛应用。所以下面的内容将用地球化学的方法对松南地区长岭凹陷的有机非均质性进行评价，并采用 $\Delta \lg R$ 技术对研究区相关地球化学参数进行建模。

在松南地区研究区块的众多井中，分别选取一口或几口实测 TOC 和实测 S_1 点较多且具有连续的岩性剖面和完整的测井资料的探井建立模型。选用查 34-7 井、大 86 井、黑 197 井、黑 238 井和新 381 井五口井的青一段进行研究区不同代表区域 TOC 和 S_1 的建模。在本次进行建模的五口井中，黑 238 井的建模效果最好，故以黑 238 井为例进行详细介绍（图 2-20）。

黑 238 井青一段在建模的过程中，剔除非烃源岩层段，仔细研究了厚度小于 1m 的泥岩层段测井数据的可靠性以及井径异常部位的测井资料，在 0.5m 的深度范围内进行模糊归位。建模结果显示：实测 TOC 和实测 S_1 与 $\Delta \lg R$ 相关性系数分别达到 0.7280 和 0.7462，具有较好的相关性（表 2-1）。黑 238 井建模结果如图 2-21（a）所示：可见在研究区段青一段中 TOC 和 S_1 的计算值与实测值十分接近，代表实测值的点基本落在计算值实线上或在附近，建模效果较好。

模型建立后外推到其他井的精度如何，为了验证所建立模型的准确性，选用实测 TOC 与实测 S_1 值较多的井对模型井的精度进行验证。

利用模型井黑 238 井的 RLLD—AC 模型分别计算出大 86 井等井垂向上连续 TOC 与 S_1 的计算值，将计算值与实测值进行对比，如图 2-21（b）所示，计算值与实测值较为吻合，说明黑 238 所建模型可以在该区进行推广。

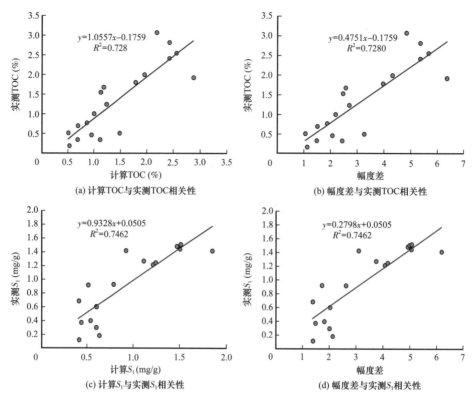

图 2-20　有机非均质性测井评价模型建立效果图（黑 238 井青一段）

表 2-1　黑 238 井测井计算 TOC 和 S_1 模型参数统计表

层位	地球化学数据	曲线	a	b	R^2
青一段	TOC	RLLD—AC	0.4751	−0.1759	0.7280
	S_1	RLLD—AC	0.2799	0.0505	0.7462

　　利用所建立的测井评价预测模型，根据测井资料丰度及钻井深度并兼顾井位平面展布情况，选取松南地区青一段组共 98 口井进行有机非均质性评价，计算出每一口井的连续 TOC 和 S_1，为绘制连井剖面和计算资源量奠定基础。

3. 生烃品质平面分布

　　青山口组沉积期是松辽盆地沉积范围比较大的一个时期，下部以深湖—半深湖相泥岩、页岩为主，夹油页岩。上部为黑色、深灰色泥岩夹灰色、灰绿色钙质粉砂岩和多层介形虫层。青山口组向边部粗碎屑增多，与下伏地层泉头组呈整合—平行不整合接触。青一段烃源岩的厚度与有机质丰度、游离烃含量呈现出一致的变化规律。青一段泥岩体系厚度在 10～110m 范围内，整体呈北厚南薄的趋势，TOC 值也呈北大南小的趋势（图 2-22）。其中，长岭凹陷和华字井阶地青一段厚度最大、有机质丰度最高，整体上也出现北厚南薄、有机质丰度北高南低的趋势。这种分布规律受古沉积环境影响明显，富有机质页岩的厚度及有机质丰度受西物源和南物源的共同影响，而对应减薄、降低。长岭凹陷在查 27

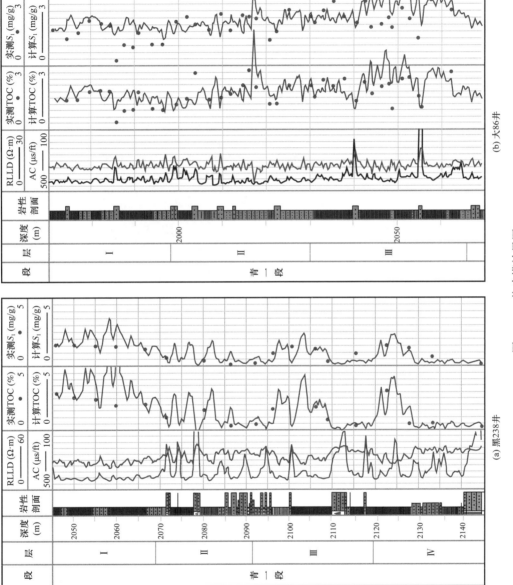

图 2-21　井建模效果图

附近达到泥岩厚度最大值，向南厚度逐渐变薄，至长岭凹陷南部出现泥岩缺失的现象。华字井阶地泥岩厚度在乾 227 井和乾 217 井附近达到最厚，向南逐渐变薄。扶新隆起和红岗阶地区青一段厚度薄，邻近长岭凹陷和华字阶地区域厚度较厚，远离长岭凹陷和华字阶地区域厚度逐渐变薄。

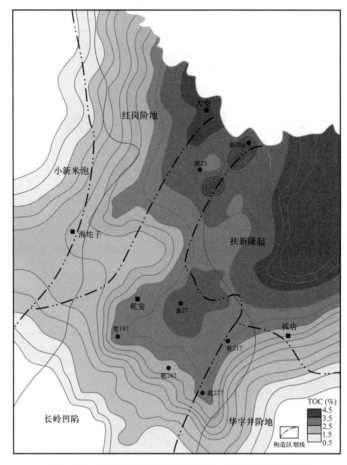

图 2-22　松辽盆地南部青山口组一段 TOC 等值线图

第三章　页岩油富集条件

第一节　页岩岩相类型

一、岩相类型与划分

1. 页岩基本特征

松辽盆地南部青一段以泥页岩为主，局部区域发育薄层砂岩和介形灰岩（图3-1）。泥页岩的颜色多为灰黑—黑色，岩心观察呈现出三种不同的沉积结构：（1）破碎明显，发育明显的薄片状页理；（2）块状构造，岩石较致密，矿物分布均匀；（3）毫米级纹层发育，具有明显的薄层理构造。本书将具有明显薄层理构造或薄片状页理，矿物粒度小于62μm的细粒沉积岩统称为页岩，以区分块状构造的泥岩。砂岩以浅灰色的细砂岩、粉砂岩、泥质粉砂岩为主，岩心观察呈现出两种主要沉积构造：部分为块状构造；部分含有少量泥质纹层，可见层理。

南部大情字井地区页岩以富黏土硅质页岩为主，脆性矿物（包括石英、长石、碳酸盐矿物、黄铁矿）含量占65%～80%，黏土矿物含量占20%～35%。乾安—大安地区以混合页岩和黏土质页岩为主，脆性矿物含量占40%～65%、黏土矿物含量占35%～60%。黏土矿物是以伊/蒙混层为主，占黏土矿物总量的40%～70%，测算蒙皂石含量约为10%。

统计结果表明，页岩的有机质丰度、矿物组成和沉积构造具有明显的关联，随着黏土矿物含量的增加，岩性从砂岩变为泥页岩，泥页岩的沉积构造从纹层状、块状向薄片状页理转变（图3-2a），TOC值呈现先缓慢增加后快速增加的"两段式"线性正相关关系（图3-2b）。由此，依据"有机质丰度—矿物成分—沉积构造"三级标准，将青一段划分为五类岩相：高有机质薄片状页岩相、中有机质块状泥岩相、中有机质纹层状页岩相、低有机质纹层状页岩相和低有机质夹层砂岩相（图3-3）。通过TOC—HI的相关关系可知（图3-2c），泥页岩各类岩相随着TOC的增加，HI先快速增加后稳定在700mg HC/g TOC左右，反映了高有机质薄片状页岩相具有较为单一的生源贡献，以I型干酪根为主；中—低有机质泥页岩相则具有较大的HI变化范围，揭示了混源有机质来源。低有机质夹层砂岩相HI具有高值的特征，明显偏离泥页岩TOC与HI的变化趋势，显示了运移烃对该指数的贡献。

2. 页岩岩相特征

1）高有机质薄片状页岩相

高有机质薄片状页岩相多为纯黑色，质地细致，页理发育，矿物成分以黏土矿物为主，含量一般大于30%，有机质含量高，TOC一般大于2%。长石和石英为泥级颗粒，含量小于

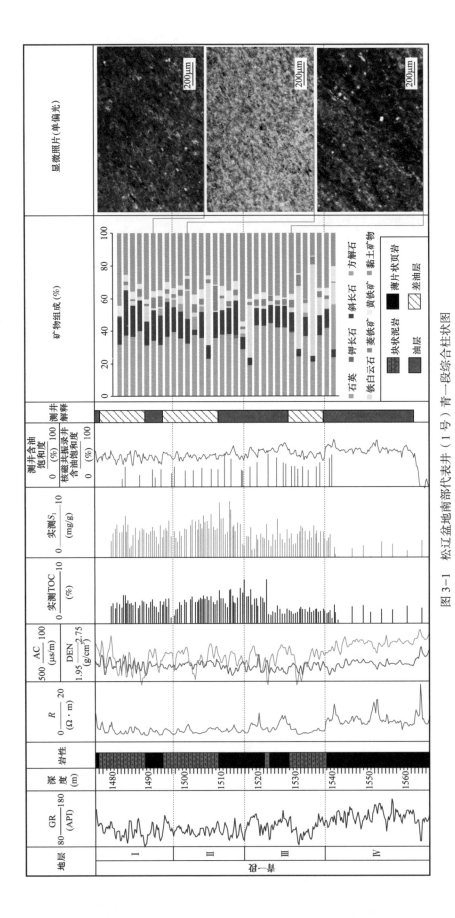

图 3-1　松辽盆地南部代表井（1号）青一段综合柱状图

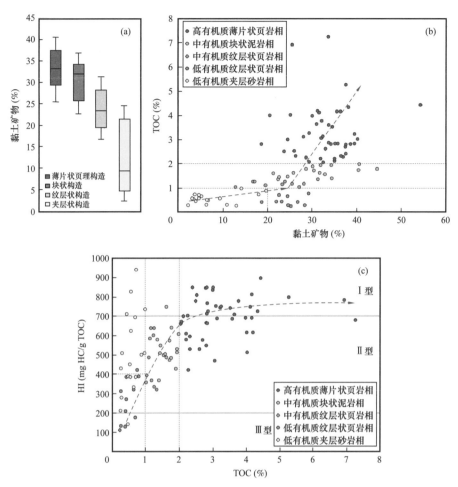

图 3-2　松辽盆地南部青一段页岩黏土矿物含量、有机质丰度类型与沉积构造关系

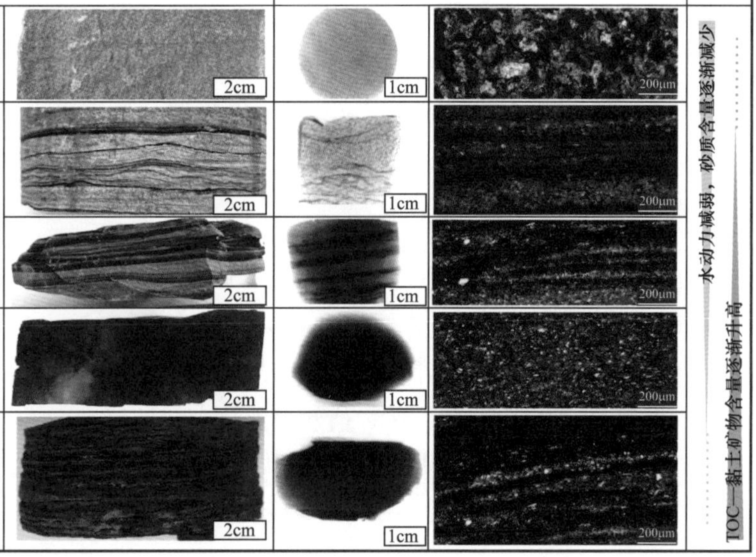

岩相	沉积结构				显微构造
低有机质夹层砂岩相	夹层状	砂岩/石灰岩夹层，发育各类沉积层理		>1cm	2cm；1cm；200μm
低有机质纹层状页岩相	纹层状	具有明显的颜色、粒度或矿物成分变化	泥质纹层	0.1mm～1cm	2cm；1cm；200μm
中有机质纹层状页岩相			粉砂质纹层		2cm；1cm；200μm
中有机质块状泥岩相	块状	没有明显的颜色、粒度或矿物成分变化	均质结构		2cm；1cm；200μm
高有机质薄片状页岩相	薄片状		页理发育	<1mm	2cm；1cm；200μm

图 3-3　松辽盆地南部青一段岩相类型特征对比

30%，碳酸盐含量小于20%。镜下观察粒级非常小，比较致密，具有显微纹层，显示了矿物和有机质的定向排列。该类岩相在沿松花江新北地区较为发育，主要形成于湖侵、高位体系域的静水沉积环境。

2）中有机质块状泥岩相

中有机质块状泥岩相颜色主要呈现深灰色，块状构造，岩石较致密，以黏土矿物为主，含量较有机质薄片状页岩相略有下降，在25%～35%之间，有机质含量较高，TOC一般在1%～2%之间。石英和长石含量在60%～75%之间，碳酸盐含量小于15%。镜下观察矿物分布均匀，粒级整体相比高有机质薄片状页岩相较粗，碎屑含量略有增加。该岩相形成于沉积速率较快的静水还原环境。

3）中有机质纹层状页岩相

中有机质纹层状页岩相富有机质泥质纹层夹贫有机质砂质纹层间互形成薄层理构造，颜色以深灰色—黑色夹浅灰色纹层为主。从粒级划分的角度，该类岩相与粉砂质泥岩相似。有机质含量较高，TOC在1%～2%之间。石英和长石的含量在65%～90%之间，碳酸盐含量小于15%，黏土矿物含量在15%～30%之间。薄片观察可见明显的明暗纹层。该岩相主要在季节性悬浮和底流作用交替沉积的静水环境下形成。

4）低有机质纹层状页岩相

低有机质纹层状页岩相具砂质薄层夹泥质纹层形成的薄层理构造，颜色呈现灰色夹深灰色—黑色纹层，此类岩相与粒级划分的泥质粉砂岩相似。有机质含量较低，TOC一般小于1%。石英和长石的含量在65%～90%之间，碳酸盐类含量在5%～25%之间，黏土矿物含量在15%～30%之间，长英质含量相较于中有机质纹层状页岩相更高。薄片观察可见砂质纹层明显厚于泥质纹层。该岩相是在季节性悬浮和底流作用交替的偏动水环境下形成的。

5）低有机质夹层砂岩相

低有机质夹层砂岩相以浅灰色的块状粉砂岩、细砂岩为主，偶见少量泥质纹层、炭屑，可见层理。有机质含量低，TOC一般小于1%。石英和长石的含量占比大，一般可达85%以上，碳酸盐类含量小于10%，黏土矿物的含量小于10%。薄片观察可见大量的碎屑颗粒散落在基质中，碎屑颗粒的粒级均较粗，一般形成于深水浊积或前三角洲砂体。

二、岩相测井识别

通过测井资料可以获得包括岩石密度、电阻率、含氢指数、自然伽马、自然电位、纵波传播速度等岩石物理信息，并进一步分析总结出不同岩性岩相的测井响应特征，从而达到测井识别岩相的目的。然而利用常规测井资料难以通过交会图版对页岩岩相进行有效识别。本次研究综合测井计算TOC值和自然伽马、补偿密度、补偿中子、声波时差、深侧向电阻率值，应用基于图像多分辨率聚类分析方法（MRGC），通过邻近指数和核代表指数对数据集合进行有序降维，寻找数据变化曲线的突变确定最优分割数，有效识别了青一段岩相（图3-4）。

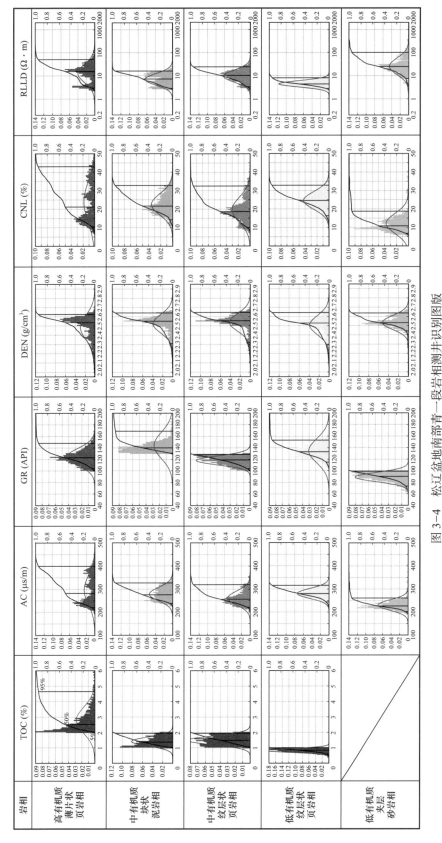

图 3-4 松辽盆地南部青一段岩相测井响应识别图版

各小图左侧纵轴为对应测井参数的频率；右侧纵轴对应测井参数的累计频率

MRGC 结合了 K—NN 和 Graph 方法，针对测井数据具备不需要先验信息、自动推荐合适的群数、复杂数据处理结果稳定、不用限制数据体维数等优点，并在近几年的应用中得到推广。MRGC 算法是利用测井数据聚类分析算法，是一种基于非参数最近邻和图形数据表示的多维点模式识别方法。对数据的底层结构进行分析，并形成可能具有非常不同的密度、大小、形状和相对分离的自然数据组。MRGC 利用 K—NN 方法结合核排序准则解决了维数问题，在递减有序 KRI 曲线上的突变定义了最优分割数，MRGC 可以自动确定最佳聚类数，而且允许使用者控制测井相实际需要的具体级别。

利用 MRGC 算法来解决测井数据问题需要解决算法无法给出数据蕴含的地质意义这个最大的缺点。因此，需要在应用 MRGC 算法进行聚类分析后研究聚类结果的含义，即需要在测井相分类的基础上结合岩相划分原则进行聚类含义的认识。

地质分析提出 TOC 为 1%、2% 分别作为低、中、高有机质的划分标准后，各岩相的测井响应特征为，高有机质薄片状页岩相具有"三高（AC、CNL、RLLD）一中（GR）一低（DEN）"特征，中有机质块状泥岩相具有"一高（GR）四中（AC、DEN、CNL、RLLD）"特征，中有机质纹层状页岩相具有"五中（AC、GR、DEN、CNL、RLLD）"特征，低有机质纹层状页岩相具有"一高（GR）二中（AC、CNL）二低（DEN、RLLD）"特征，低有机质夹层砂岩相具有"四低（AC、GR、DEN、CNL）一高（RLLD）"特征。

三、岩相分布特征

1. 岩相充填序列

沿着大情字井—乾安—大安自南向北方向，随着浅水辫状河三角洲向湖内推进，水动力逐渐减弱，底流陆源输入逐渐减少，岩相组合类型从三角洲内前缘（6 号：以中有机质纹层状页岩相夹中有机质块状泥岩相，发育夹层砂岩相）、三角洲外前缘（5 号和 4 号：青一段中下部以低有机质纹层状页岩相为主）、半深湖—深湖（3 号和 2 号：以高有机质薄片状页岩相为主，夹中有机质块状泥岩相和中有机质纹层状页岩相）亚相渐变过渡（图 3-5）。

由此可见，外前缘的岩相组合模式为：沉积早期受水体升降旋回的控制，依次充填了高有机质块状长英质泥岩相、中有机质纹层状页岩相、低有机质纹层状页岩与低有机质夹层粉细砂岩相；中期依次充填了高有机质块状长英质泥岩相、中有机质块状长英质泥岩相、中有机质纹层状长英质页岩相、高有机质块状长英质泥岩相，在旋回上部可见低有机质粉细砂岩夹层；末期依次充填了中有机质纹层状长英质页岩相、高—中有机质块状长英质泥岩相及低有机质纹层状长英质页岩夹介形虫灰岩夹层。

深湖—半深湖的岩相组合模式为：沉积早期受水体升降旋回的控制，依次充填了中有机质纹层状长英质页岩相、高有机质块状长英质泥岩相，在最大湖泛面沉积了高有机质页理黏土质页岩相（油页岩），之后充填了高—中有机质块状泥岩相；之后分别在初始水进时形成了中有机质纹层状长英质页岩相，在最大湖泛面形成了高有机质块状泥岩相，在低水位时以中有机质纹层状长英质页岩相结束旋回，两套层序均可见薄层低有机质介形虫灰岩夹层相。

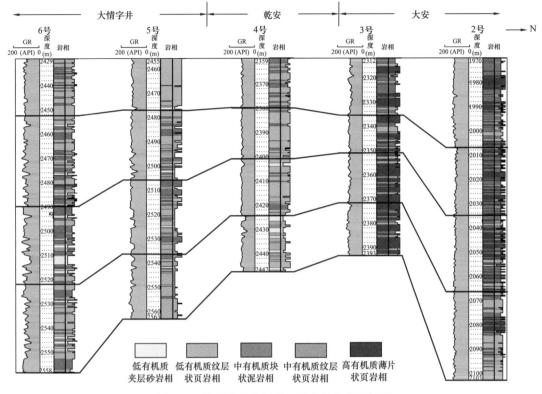

图3-5 松辽盆地南部青一段南北向岩相剖面

2.岩相平面分布

长岭凹陷青一段自南向北依次可被划分为近南北向展布的三角洲前缘、三角洲外前缘、湖区三个沉积相带。三角洲前缘在垂向演化上表现为连续的三角洲砂体沉积；三角洲外前缘只在沉积早期砂体发育范围最大时接受了三角洲沉积，晚期以湖相泥岩为主；湖区则在沉积演化的过程中始终保持着以湖相泥岩为主的沉积物。

研究区处于深湖—半深湖亚相至三角洲前缘亚相的过渡区，因此岩相的变化比较明显。在深湖—半深湖区以高有机质块状长英质泥岩为主，呈现大面积连片分布；其次是中有机质纹层状长英质页岩以及中有机质块状长英质泥岩，在各个井段发育的部位较一致，横向对比性较好；低有机质介形虫灰岩夹层也较为发育，呈现条带状，但厚度较小；高有机质页理黏土质泥岩以及低有机质粉细砂岩夹层仅在单口井零星发育，厚度小且横向展布范围有限。

在三角洲外前缘远物源区，岩相组合上呈现过渡的特征，体现为多种岩相组合分布。高有机质块状长英质泥岩分布范围逐渐减小，厚度变薄，而中有机质纹层状长英质页岩则大面积发育，同时低有机质粉细砂岩夹层的分布范围明显增大，厚度增加，横向分布范围较大，此外低有机质纹层状长英质页岩的分布范围及厚度也同样增加。而低有机质介形虫灰岩夹层仅在个别井段比较发育，厚度小，横向分布范围有限。

在三角洲前缘近物源区，岩相则以大面积连片分布的低有机质粉细砂岩夹层为主，泥岩相很少见到；其次为低有机质纹层状长英质泥岩，分布范围广，厚度大，低有机质介形虫灰岩夹层以及高有机质页理黏土质泥岩则在个别井段集中分布，但厚度小不连通。

总体而言，从各岩相的平面组合厚度等值线图也同样可以重新认识湖相细粒沉积体系的岩相充填渐变规律（图3-6），受南北和西部两大物源输入控制，南部物源以浅水辫状河三角洲为特征，向湖内延伸较远，砂岩厚度逐渐减薄，在三角洲外前缘主要以低有机质纹层状页岩相分布为特征（图3-6a）。乾安—大安一带长期处于半深湖—深湖沉积区，三角洲间湾以沉积中有机质块状泥岩相为特征，半深湖内广泛分布中有机质纹层状页岩相，深湖区主要分布高有机质薄片状页岩相（图3-6b）。不同类型页岩岩相的分布为页岩油差异富集提供了物质条件。

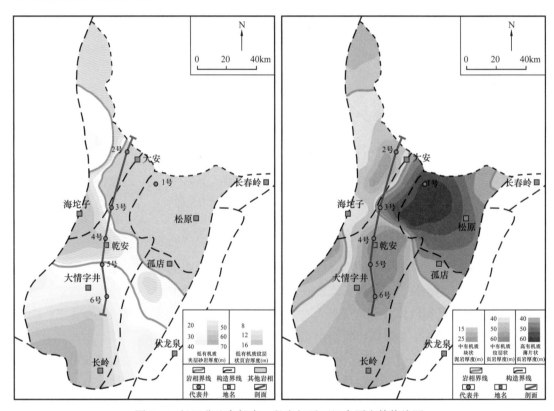

图3-6 松辽盆地南部青一段岩相平面组合厚度等值线图

第二节　页岩储集空间及孔隙结构特征

一、页岩储集空间微观发育特征

近年来，许多国内外学者探讨了含油气泥页岩储层储集空间类型，特别是针对含气页岩，已有较多的研究成果见诸报道。Loucks等（2009）基于Barnett页岩孔隙，将孔径大于0.75μm的孔隙称为微米孔、孔径小于0.75μm的孔隙称为纳米孔；Slat和O'Brien（2011）将美国Barnett和Woodford页岩孔隙类型划分为黏土絮体间孔隙、有机孔隙、粪球粒内孔隙、化石碎屑内孔隙、颗粒内孔隙和微裂缝 6 种类型；Loucks 等（2012）提出了一个泥页岩孔隙三端元划分方案，把基质孔隙分成粒内孔隙、粒间孔隙和有机质孔隙，其中粒内孔隙包括黄铁矿集合体晶间孔隙、黏土矿物粒内孔隙、铸模孔隙和溶蚀孔隙等，粒间孔隙可分为颗粒粒间孔隙、矿物晶间孔隙等。青一段各岩石类型的有效孔隙度为 3.4%～8.4%，水平渗透率为 0.1～1.0mD，储集空间类型多样，孔隙结构具有明显的相控分类特征，为页岩油富集提供了有利的储集条件。

1. 储集空间类型

储集空间分类主要依据孔隙的大小和产状进行定量分析和定性描述。本次研究依据孔隙成因，将页岩油储层储集空间类型分为无机孔和有机孔，其中无机孔分为粒（晶）间孔和粒（晶）内孔。

1）粒（晶）间孔

沉积物在古环境中运移会产生大量的微细沉积构造，各种颗粒间不完全胶结产生粒间孔隙。粒间孔的形状以狭长形、多边形为主，多聚集出现在坚硬脆性矿物周围（图 3-7）。孔隙大小受矿物颗粒大小和压实程度的控制，矿物颗粒越大，其粒间孔越大；埋深程度增加，粒间孔则迅速减小。部分碎屑矿物粒间孔隙连通性较好，但整体偏差，围绕黏土矿物的粒间孔孔隙无固定形态，连通性差。晶间孔主要包括方解石重结晶晶间孔、黄铁矿晶间孔两类（图 3-8）。方解石重结晶晶间孔是方解石在重结晶过程中形成的孔隙。沉积于缺氧还原环境条件下的泥页岩往往含有黄铁矿。在黄铁矿含量丰富的泥页岩中，草莓状黄铁矿集合体内的晶间孔较为发育。晶间孔的孔隙大小为 20～500nm，草莓体内部孔隙连通性较好。由于青一段沉积岩矿物颗粒细小（<62μm），并且存在大量的塑性矿物，抗压实能力差，原生粒（晶）间孔在浅埋藏阶段受压实作用和后期胶结作用快速消亡，残存的粒间孔主要出现在石英等高硬度脆性颗粒之间。

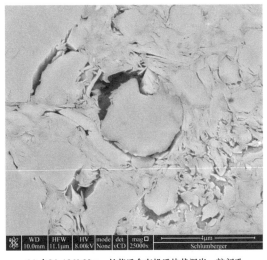 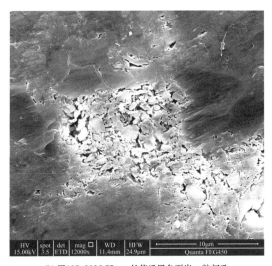

(a) 大86-1960.22m，长英质含有机质块状泥岩，粒间孔　　　(b) 黑197-2925.77m，长英质黑色页岩，粒间孔

图 3-7　泥页岩内粒间孔特征

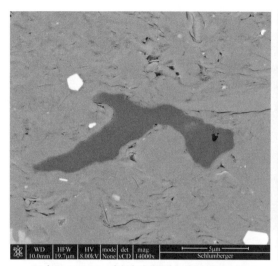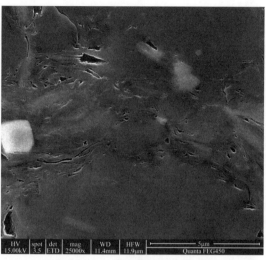

(a) 大86-1960.22m，灰黑色块状泥岩，碎屑矿物晶间孔　　(b) 大86-1999.46m，灰黑色块状泥岩，碎屑矿物晶间孔

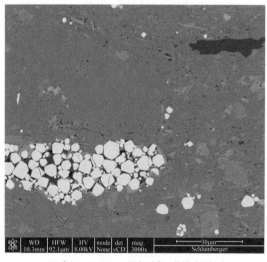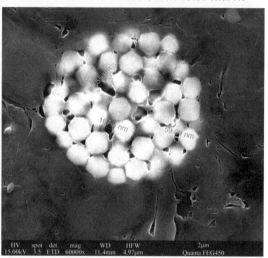

(c) 大86-1981.06m，黑色页岩，黄铁矿晶间孔　　(d) 新381-1504.48m，黑色页岩，草莓状黄铁矿集合体晶间孔

图 3-8　泥页岩内晶间孔特征

2）粒（晶）内孔

后期的酸性流体沿着原生粒（晶）间孔对周围矿物产生溶蚀作用，形成溶蚀边缘孔、粒间溶孔。松南地区青一段泥页岩溶蚀孔多为黏土矿物的溶蚀孔。孔隙多不规则，呈椭圆形，常常成群发育，其特点是孔隙呈曲线。但不同溶蚀孔之间相对分散，连通性差，且溶蚀孔整体丰度较低，对渗流和储集能力贡献非常小。孔隙大小范围为 100nm～3μm。粒内孔大小范围为 10nm～1μm，主要分为矿物结合体内孔和粒内溶蚀孔（图 3-9）。黏土矿物集合体内孔呈片状与沉积方向平行，黏土矿物以伊利石为主，伊利石呈现为薄层片状或纤维状。这种类型孔隙孔径范围很小，一般在 50～500nm 之间。黄铁矿集合体内晶间孔发育，多呈三角形或多边形，偶见有机质充填孔内，孔径范围一般分布在 100～800nm 之间。粒内溶孔的成因与粒间溶孔相似，主要也是指在酸性环境下引起的矿物成分溶解，在颗粒内部形成的孔隙，粒内溶孔比较小，粒径一般分布在 100～600nm 之间。粒内溶蚀

微孔胶结作用明显，以镶嵌式胶结为主。粒内溶蚀孔主要见于钾长石等易溶解矿物颗粒内部。

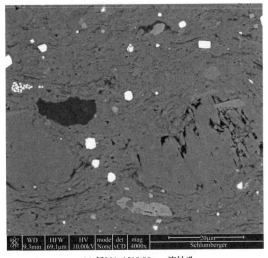

(a) 新381-1519.80m，溶蚀孔　　　　　　　　(b) 大86-2036.93m，溶蚀孔

图 3-9　泥页岩粒内溶蚀孔特征

3）有机质孔

松南地区青一段页岩油储层有机质成熟度主要处于成熟阶段（R_o 在 1.0%～1.2% 之间）。因此，研究区页岩油储层中有机质内部的纳米级生烃演化孔隙较发育，可观察到有机质的原生孔隙（图 3-10）。扫描电镜观察发现研究区泥页岩中有机质孔多为长条状和椭圆状，可以分为有机质边缘孔（缝）和有机质内孔，孔径一般较小，大多在 100nm 以下。

2. 储集空间定量分析

基于扫描电镜和能量色散 X 射线（EDX）面扫描的原位自动定量统计结果表明（图 3-11），松辽盆地南部青一段不同岩相发育的优质储集空间类型不同，高有机质薄片状页岩相和中有机质块状泥岩相黏土矿物含量最高，抗压实能力最差，以粒内孔为主，平均占比为 75%。低—中有机质纹层状页岩相由于砂质纹层发育，以粒间孔为主，平均占比为 80%。低有机质夹层砂岩相由于极少含有黏土矿物和黄铁矿集合体，粒间孔占绝对优势，可达 98%～100%。偶见介形虫灰岩，以钙质介壳间、介壳内交代碳酸盐矿物的粒间孔为主，占比为 85%。一般认为，有机质孔是页岩油气最重要的储集空间类型。但本次研究统计有机质孔欠发育，在孔隙中占比最大仅为 15%，主要有两方面的原因：一是青一段有机质以 I 型干酪根为主，生烃母质为藻类体，在强烈的压实作用下发生韧性变性形成层状藻类体，生烃过程中产生的孔隙大部分未能保存，仅有少部分受到挤压呈椭球形、狭缝形；二是有机质孔的发育程度，除了受有机质类型的影响外，更重要的是受到烃源岩热演化程度的影响。大量的研究认为，油倾烃源岩只有当 R_o 大于 1.2% 时（即处在石油裂解期）才会大量形成有机质孔。松辽盆地南部青一段处在生油高峰，相较于以有机质孔为主要储

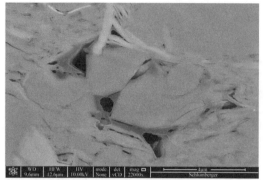

(a) 大86-2044.95m，长英质含有机质块状泥岩，有机质孔

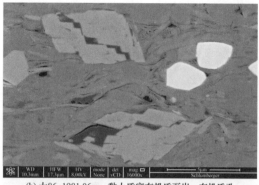

(b) 大86-1981.06m，黏土质富有机质页岩，有机质孔

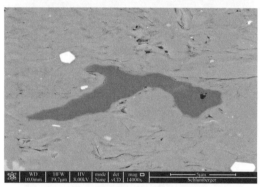

(c) 大86-1960.22m，长英质块状泥岩，有机质孔不发育

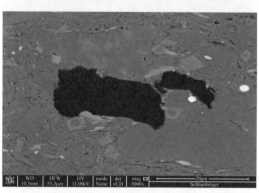

(d) 大86-2031.97m，长英质页岩，有机质孔不发育

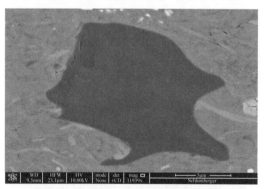

(e) 大86-2041.49m，黏土质页岩，有机质孔不发育

(f) 新381-1490.25m，黏土质块状泥岩，有机质孔不发育

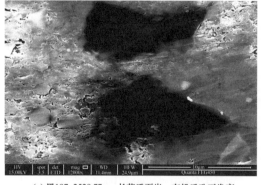

(g) 黑197-2529.77m，长英质页岩，有机质孔不发育

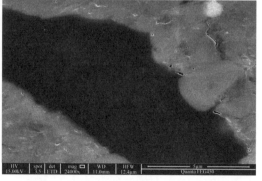

(h) 黑238-2045.96m，长英质页岩，有机质孔不发育

图3-10 泥页岩内有机质孔特征

集空间的页岩，其热演化程度较低，在此阶段下有机质生烃转化后的残存空间大多数被沥青充填而导致有机质孔较少发育。

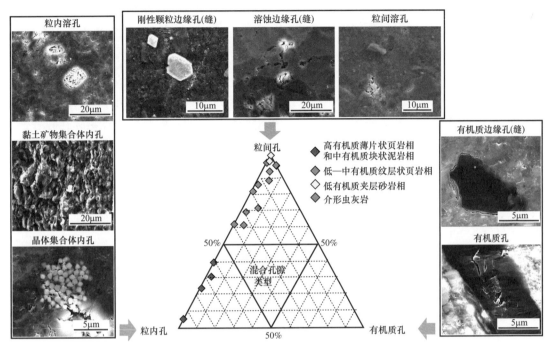

图 3-11　松辽盆地南部青一段页岩油储集空间

二、页岩孔隙结构发育特征

通过记录非润湿性流体（汞）及氮气和二氧化碳等气体在不同压力下在岩石样品中的注入量，进而通过不同的理论方法计算得到孔径分布、比表面积等信息，主要包括高压压汞和气体吸附（氮气和二氧化碳）。高压压汞可探测页岩 3nm 以上连通孔裂隙，揭示有效孔隙度、孔径分布等储层特性。氮气吸附可有效揭示 1～200nm 范围的孔体积、比表面积及孔径分布等信息，二氧化碳吸附是探测 0.3～1.5nm 范围孔隙的有效手段。为了弥补各种流体注入法孔径探测范围的局限性，高压压汞和气体吸附结合被用于表征页岩全孔径分布特征，其中二氧化碳吸附被用于表征小于 2nm 孔隙，氮气吸附被用于表征 2～50nm 孔隙，高压压汞则用于揭示大于 50nm 孔裂隙分布特征。

1. 低温氮气吸附介孔孔径分布特征

页岩氮气吸附法利用氮气在固体表面的吸附原理，主要是对微孔和中孔进行定量表征。低温氮吸附实验通过采用氮气在恒温下逐步升高气体分压，测定样品相应的吸附量；反过来逐步降低分压，测定其脱附量，然后做出吸脱附曲线。根据不同形状的吸脱附曲线就可以定性、定量地研究孔隙结构。低温氮气吸附法可有效反映页岩中较小孔隙的孔径分布。根据氮气吸附数据，可计算比表面积、孔体积，分析孔隙结构及孔径分布。

样品吸附等温线的吸附曲线和脱附曲线在压力较高的部分不重合，形成吸附回线。De Boer 提出吸附回线分 5 类（图 3-12a），国际纯化学与应用化学联合会（IUPAC）在此基础上推荐分 4 类（图 3-12c），H1 和 H4 代表两种极端类型：前者的吸附、脱附分支在相当宽的吸附范围内垂直于压力轴且相互平行，后者的吸附、脱附分支在宽压力范围内是水平的，且相互平行；H2 和 H3 是两极端的中间情况。不同的吸附回线形状类型反映一定的孔结构特征和类型（图 3-12b），尺寸和排列都十分规则的孔结构常得到 H1 型回线，主要由微孔组成的样品中会产生 H4 型回线，无规则孔结构的样品中主要产生 H2 型和 H3 型回线。因孔隙形态复杂，几乎不可能用某一种吸附回线代表的孔隙类型描述实际孔隙特征，实际吸附回线大致与某种类型相似，即可近似描述孔隙特征。吸附回线存在较大差异，表明各样品孔的具体形状存在差异。

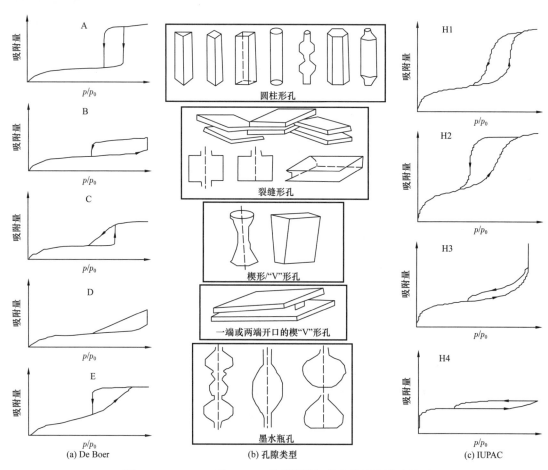

图 3-12　De Boer 及 IUPAC 推荐脱附回线分类及其孔隙类型

低温低压（$<-196℃$、$<0.127MPa$）下氮气的等温吸附可以反映介孔的分布，通过 BET 方程可以计算比表面积，BJH 方程可以计算孔隙半径，对于样品孔隙分布情况可以用 DFT 模型进行计算。由泥页岩吸附脱附曲线可以看出，五口井页岩吸附脱附曲线形状相同，均为 IUPAC 的 H3 类型，孔隙主要为一端或两端开口的楔形或 "V" 形孔。由图 3-13（a）和（g）可以看出，当相对压力 p/p_0 接近 1 时，吸附量快速上升，说明样品中大孔含

量较高。从孔径分布曲线也可以看出，查 34-7 井和黑 238 井大孔含量高，孔隙半径大于 10nm 的孔隙仍然占据较大的空间。其他三口井大于 10nm 的孔隙体积极小。

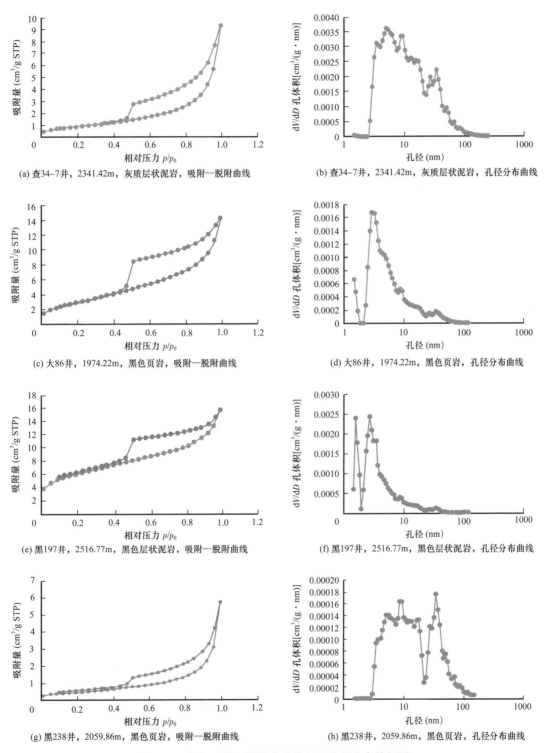

(a) 查34-7井，2341.42m，灰质层状泥岩，吸附—脱附曲线

(b) 查34-7井，2341.42m，灰质层状泥岩，孔径分布曲线

(c) 大86井，1974.22m，黑色页岩，吸附—脱附曲线

(d) 大86井，1974.22m，黑色页岩，孔径分布曲线

(e) 黑197井，2516.77m，黑色层状泥岩，吸附—脱附曲线

(f) 黑197井，2516.77m，黑色层状泥岩，孔径分布曲线

(g) 黑238井，2059.86m，黑色页岩，吸附—脱附曲线

(h) 黑238井，2059.86m，黑色页岩，孔径分布曲线

图 3-13　氮气吸附—脱附曲线特征及孔径分布特征图

STP 表示标准状况，通常指温度 0℃（273.15K）和压强 101.325kPa（1 个标准大气压）的情况

从 90 个样品（查 34-7 井 18 个、大 86 井 27 个、黑 197 井 12 个、黑 238 井 12 个、新 381 井 21 个）的平均孔径和比表面积统计柱状图（图 3-14）可以看出，查 34-7 井和黑 238 井平均孔径较大，其中黑 238 井页岩样品平均孔径达到 14.65nm。另外，页岩中小孔是比表面积主要贡献者，比表面积越大，对页岩油的吸附能力越强，影响页岩油的可动性，查 34-7 井和黑 238 井孔隙半径较大，相对其他井，比表面积明显较小。

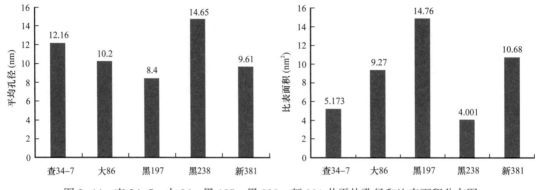

图 3-14　查 34-7、大 86、黑 197、黑 238、新 381 井平均孔径和比表面积分布图

2. 高压压汞宏孔孔径分布特征

高压压汞与常规压汞原理相同，但是进汞压力更高，能够测量尺度更小的孔喉空间，更适合致密储层微观孔隙结构特征的研究。高压压汞法可有效表征泥页岩中直径大于 50nm 的孔隙。压汞曲线形态反映了各孔喉段孔隙的发育情况、孔隙之间的连通性情况，从进汞曲线可以看出，各样品的进汞饱和度均较高，在 90% 以上，说明岩心绝大部分喉道与孔隙都在测试范围内，高压压汞试验均能够达到较高进汞饱和度，能够测量出极微细的孔隙半径分布，能够较全面地反映储层的微观孔隙特征。图 3-15（a）退汞效率较高，说明喉道与孔隙尺寸相近，喉孔比较大，孔隙连通性较好，在开采过程中有利于页岩油的流出；图 3-15（d）退汞效率最低，喉道尺寸与孔隙尺寸相差较大，喉孔比较小，孔隙连通性较差，页岩油在开采过程中往往流出受阻，导致产量较低；图 3-15（b）和（c）的喉道特性及连通情况介于上述两者。

页岩的退汞曲线表现出突降形特征，进汞退汞差异较大，说明页岩中细瓶颈孔隙的存在，微孔与中孔、大孔串联配置，孔喉细小，连通性差，不利于油气运移。通过对研究区重点井位的压汞统计结果发现，页岩储层整体上喉孔比较大，孔隙开放性较好，有利于页岩油的流出，砂岩和泥岩较差。通过岩性对比发现具备较好连通性的储层，即 I 类、II 类储层的主要岩相为：长英质富有机质页岩、长英质含有机质页岩、黏土质富有机质页岩、黏土质含有机质页岩（图 3-16）。

3. 页岩岩相与联合孔径分布特征

为综合表征松辽盆地南部青一段页岩的孔隙结构特征，本次研究进行了高压压汞及低温氮气吸附的联合孔径表征实验，并对结果进行了分类（图 3-17）。

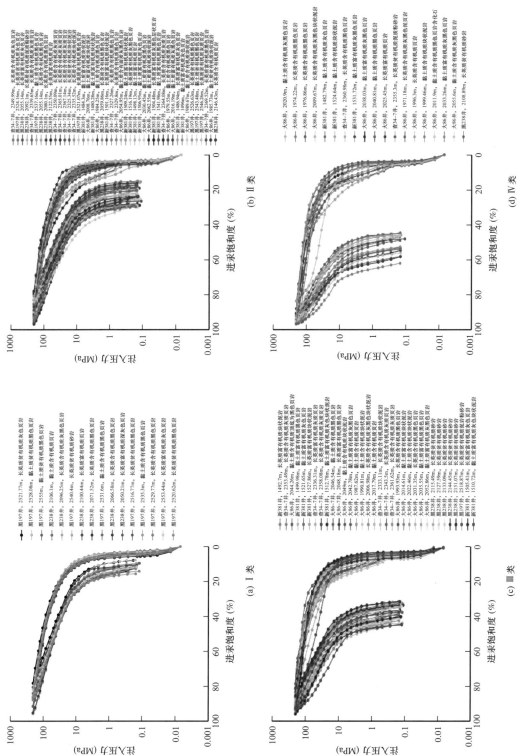

图 3-15 压汞曲线表征储层连通性分类

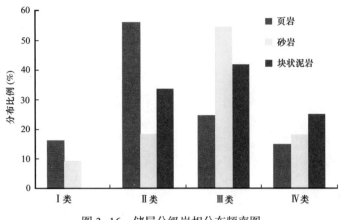

图 3-16 储层分级岩相分布频率图

（1）第一类孔隙结构主要对应中有机质块状泥岩相，等温线回滞环为 H2 型（球形介孔发育）；毛细管压力曲线在压力 100MPa 以上平直段较长，孔径小于 7.3nm 的孔居多，且退汞量较小（<20%），仍为球形介孔发育的特征；联合孔径分布特征为孔径总体小于200nm，且 2～50nm 的介孔占主体部分。

（2）第二类主要为高有机质薄片状页岩相，等温线回滞环为 H2 型（球形介孔发育），在 p/p_0 趋近于 1 时，吸附曲线上扬明显，吸附量较上一类高，是由于孔径较大的纹层间缝隙产生吸附作用；毛细管压力曲线在压力 100MPa 以上平直段较长（但短于第二类），孔径小于 7.3nm 的孔居多，且退汞量较小（<20%），仍反映球形介孔发育，同时曲线小于0.02MPa 也有较长的平直段，为 36μm 以上纹层间孔缝大量进汞所致；联合孔径分布特征为孔径总体小于 400nm，且 2～50nm 的介孔占主体，同时在大于 10μm 处存在着大量的纹层间缝隙。

（3）第三类主要对应低—中有机质纹层状页岩相，等温线回滞环为 H3 型，反映片状颗粒的非刚性聚集体，即砂泥纹层组成的层偶见发育，以狭缝型孔隙为主；毛细管压力曲线在压力 40MPa 以上趋于平缓，表明存在着数量较多的介孔，但小于 40MPa 压力下汞所进入的孔隙分选较差，曲线表现为趋于 45° 上升的斜线；联合孔径分布特征为 2～100μm孔径的孔连续发育，其中孔径为 2～200nm 多为泥质纹层内孔隙，孔径 200～10000nm 多为砂质纹层内孔隙，而大于 10μm 多为纹层间缝隙。

（4）第四类主要对应低有机质夹层砂岩相，等温线回滞环为 H3 型，表明孔网主要由大于 50nm 的宏孔组成，且没有被凝聚物完全填充；毛细管压力曲线在大于 1MPa 后趋于平缓，表明样品宏孔较多且主体分布在小于 735nm 的区间，而大于 735nm 的大孔非常少；联合孔径分布特征为 100～1000nm 大小的孔径最多，宏孔发育。

数字岩心孔隙结构三维连通性模型分析进一步证实了沉积结构影响下的岩相类型对页岩油储层孔隙结构具有明显的控制作用（图 3-18）。中有机质块状泥岩相孔隙形态多呈椭球形，单个孔隙体积小，多数孔隙呈分散状，彼此孤立不连通（图 3-18a）。高有机质薄片状页岩相层理缝发育明显（图 3-18b），低—中有机质纹层状页岩相孔隙形态呈片状分布，是由砂质纹层中细粒的石英、长石和方解石等刚性矿物颗粒顺层理定向排列形

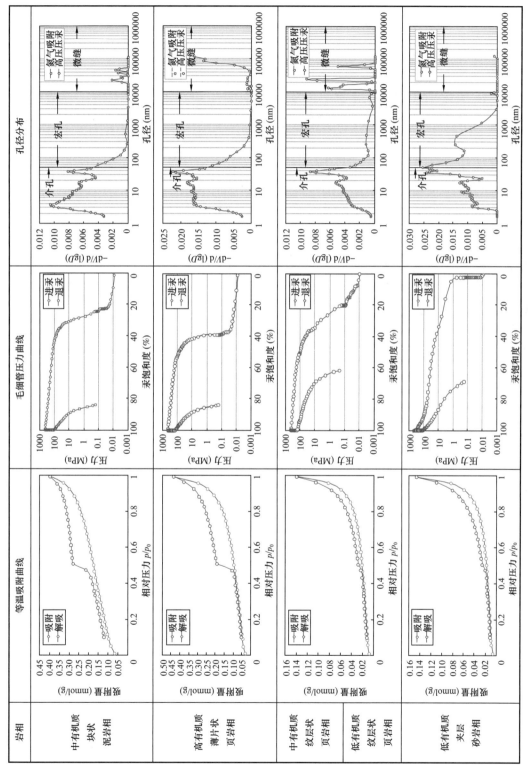

图 3-17 松辽盆地南部青一段页岩油储层孔隙结构定量表征

成的孔隙空间，连通性较好（图 3-18c）。分别顺着和垂直于层理面方向测量覆压条件下纹层状页岩相的渗透率变化，在 10～21MPa 的围压下水平渗透率在 0.1～1.0mD 之间，垂直渗透率在 0.00006～0.003mD 之间，水平渗透率是垂直渗透率的 100～1000 倍。垂直渗透率随围压的变化幅度具有"两段式"特征，斜率先大后小推测水平微裂缝闭合压力为 12～15MPa（图 3-18d）。

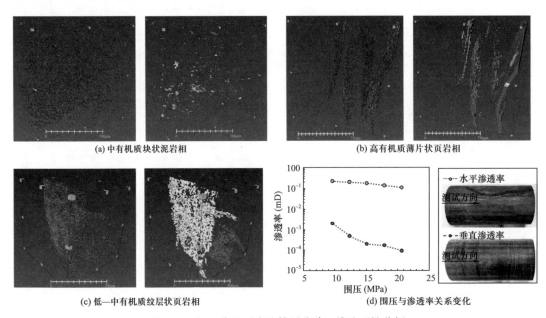

(a) 中有机质块状泥岩相   (b) 高有机质薄片状页岩相

(c) 低—中有机质纹层状页岩相   (d) 围压与渗透率关系变化

图 3-18　松辽盆地页岩油储层孔隙三维连通性分析

综上所述，薄片状页岩相和块状泥岩相由于富含黏土矿物，以介孔为主，基质储集物性较差，薄片状页岩相由于页理缝发育改善了其储集物性。纹层状页岩相具有相对较为发育的宏孔，同时在纹层界面存在一定数量的层理缝，具有孔缝二元孔隙结构特征，水平渗透率较高。夹层砂岩相宏孔最为发育。

三、页岩油储层分级评价标准

绝对渗透率是指只有单一流体在岩石孔隙中流动而与岩石没有物理化学作用时所求得的渗透率，是一个表征流体在岩石内部流动难易程度的岩石物理参数。渗透率在致密油开发中起着十分重要的作用，其决定致密油的产能，是决定页岩油储层优劣的关键参数。然而，渗透率是一个难以直接通过测井方法获取的岩石物理参数，渗透率不仅与孔隙度有关，还与孔隙结构、岩石结构及构造特征等有明显关系。对于单重孔隙介质，其孔隙空间主要为原生粒间孔隙，根据孔隙度与渗透率关系可以建立地区经验公式，其形式简单，在纯砂岩地层中具有较强的应用性。然而，对于孔隙结构复杂，富含纳米级孔隙，孔隙类型多样，且非均质性强的泥页岩储层来说，仅考虑孔隙度的单重介质经验公式并不适用。对于双重孔隙介质，由于岩石具有导通的微裂缝，其渗透率主要取决于微裂缝的发育，目前尚无成熟的裂缝型渗透率预测模型。

BP 神经网络具有实现任何非线性映射的功能，适于求解内部介质复杂的问题，在复杂岩性渗透率预测中取得了良好的效果。而在测井岩石物理参数预测中孔隙度是最常见的预测参数，相比于不同样品间渗透率数量级的差异，孔隙度相对差异较小，更易应用测井曲线实现精确预测。水力流动单元（hydraulic flow unit，HFU）的提出可有效解决孔隙度与渗透率相关性差的问题，通过对储层 HFU 的划分，可分别建立不同 HFU 孔隙度与渗透率相关性方程，有效提高非均质性储层渗透率的预测精度。因此，分别通过 BP 神经网络计算渗透率和基于 HFU 划分计算页岩油储层渗透率。

1. 页岩油储层孔径分级分类

结合高压压汞数据可以得到，同一类型的孔隙具有相同的物理特性，即自相似性。根据孔隙特征的不同可以对页岩油储层的孔隙进行分类（图 3-19）。相同类型特征的孔隙表现出相似的趋势，曲线的拐点对应着孔隙类型转变的孔喉界限值。图中 $\lg r=-2.3$、

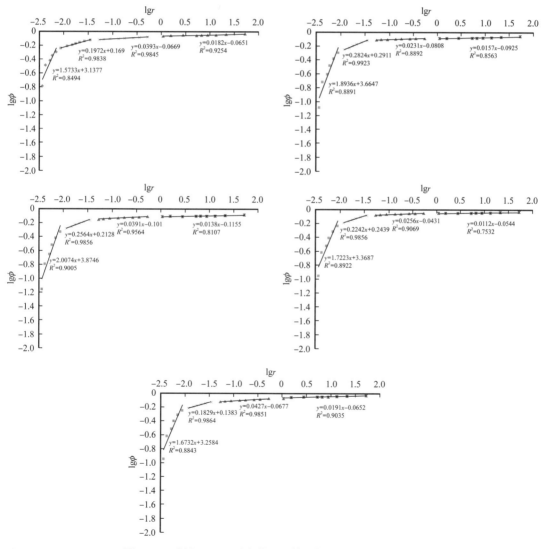

图 3-19 研究区 5 口重点井压汞储层物性分形评价标准图

lg$r$=−1.3 和 lg$r$=−0.3 的位置为不同类型孔隙的孔喉界限值，因此根据图中曲线表现出来的自相似性，可以将孔隙划分为四类：大孔＞500nm、50nm＜中孔＜500nm、5nm＜小孔＜50nm、微孔＜5nm。

根据压汞曲线形态及储层中孔隙类型的分布特征，本次研究将松南地区泥页岩致密油储层分为三类：Ⅰ类储层具有相对较多的大孔，代表性样品为大 86-1987.62m；Ⅱ类储层大孔含量相应减少，但中孔含量较Ⅲ类储层发育，代表样品为新 381-1489.08m；Ⅲ类储层大孔与中孔含量均较少，且微孔含量较高，代表样品为大 86-1900.81m。

2. 基于水力流动单元指数计算页岩油储层渗透率

1）水力流动单元含义

水力流动单元是指具有相似渗流特征的储集岩体，不同的水力流动单元具有不同的岩石物理特征（Ghiasi-Freez 等，2012）。根据 Kozeny-Carman 方程，孔隙度与渗透率满足以下关系式：

$$K = \frac{1}{H_c} \frac{\phi^3}{(1-\phi)^2} \tag{3-1}$$

式中　K——渗透率；

　　　ϕ——孔隙度；

　　　H_c——结构性能常数，是孔隙曲度、形状系数和比表面积平方的乘积。

将式（3-1）两边分别除以 ϕ 并开平方可得

$$\sqrt{K/\phi} = 1/\sqrt{H_c} \cdot \phi/(1-\phi) \tag{3-2}$$

如果渗透率（K）以 mD 为单位，则可定义下列参数：

储层品质指数（RQI）：

$$RQI = 0.0314\sqrt{K/\phi} \tag{3-3}$$

标准化孔隙度指数（PMR）：

$$PMR = \phi/(1-\phi) \tag{3-4}$$

流动带指数（FZI）：

$$FZI = \frac{1}{\sqrt{H_c}} = \frac{RQI}{PMR} \tag{3-5}$$

式（3-5）说明流动带指数（FZI）是岩石结构和矿物地质特征、孔喉特征等综合响应，是反映岩石孔隙结构特征的参数，因此其值可准确描述储层的非均质性特征。

对式（3-5）两边取对数可得

$$\lg RQI = \lg PMR + \lg FZI \tag{3-6}$$

式（3-6）说明，在 RQI 与 PMR 的双对数关系图中，具有近似 FZI 的样品将落在同一直线上，具有不同 FZI 的样品落在一组平行的直线上，同一直线上的样品具有相似的孔隙结构特征，从而构成一个水力流动单元。

2）岩心样品水力流动单元划分

每个水力流动单元对应一个 FZI，但由于岩心测量存在随机误差，FZI 围绕其真实均值分布，若存在多个水力流动单元，总的 FZI 分布函数就是单个流动单元分布函数的叠加。根据岩石实测孔隙度与渗透率数据计算出储层品质指数 RQI 和标准化孔隙度指数 PMR，基于 FZI 密度分布函数即可划分水力流动单元。

根据研究区大 86 井、黑 197 井、黑 238 井、查 34−7 井和新 381 井等 5 口井的岩心实测孔隙度与渗透率数据计算 lgFZI 密度分布函数显示，研究区页岩油储层可划分为 7 类水力流动单元（图 3−20），不同类型流动单元其 FZI 分布范围不同，由 Ⅰ 型（HFU Ⅰ）—Ⅶ 型（HFU Ⅶ）流动单元 FZI 逐渐减小（表 3−1）。

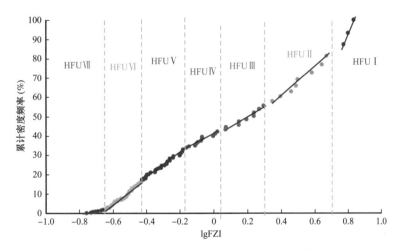

图 3−20 青一段页岩油储层 lgFZI 累计密度分布曲线

表 3−1 青一段页岩油储层水力流动单元划分标准

水力流动单元	lgFZI 分布范围
HFU Ⅰ	0.7≤lgFZI
HFU Ⅱ	0.3≤lgFZI<0.7
HFU Ⅲ	0.05≤lgFZI<0.3
HFU Ⅳ	−0.17≤lgFZI<0.05
HFU Ⅴ	−0.43≤lgFZI<−0.17
HFU Ⅵ	−0.645≤lgFZI<−0.43
HFU Ⅶ	lgFZI<−0.645

研究区页岩油储层品质指数 RQI 与标准化孔隙度指数 PMR 双对数坐标交会图显示，同一流动单元样品 RQI 与 PMR 落在同一条直线上，不同流动单元样品落在一组相互平行

的一组直线上（图 3-21a）。页岩油储层渗透率与孔隙度相关性图显示，同一类型流动单元孔隙度与渗透率具有很好的相关性，因此可根据各流动单元孔隙度与渗透率相关性计算渗透率（图 3-21b）。

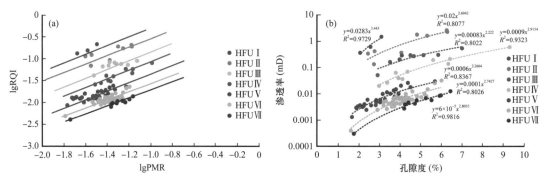

图 3-21　RQI—PMR 双对数坐标交会图（a）和孔隙度与渗透率相关性（b）

3）页岩油储层孔隙度计算

测井识别孔隙度的方法是基于三孔隙度测井进行的，是由声波时差测井、自然伽马测井以及密度测井组成的综合测井技术，声波时差测井、自然伽马测井以及密度测井工作原理不同，在不同的岩性地层有着不同的响应，但在确定地层孔隙方面有着密切的相关性，在计算岩性地层孔隙度、渗透率及流体性质方面有着比其他测井技术更直接更准确的优势。自然伽马测井是沿井身测量岩层的天然伽马射线强度的方法。岩石一般含有不同数量的放射性元素，并且不断地放出射线，例如，在火成岩中，越近酸性，放射性强度越大；在沉积岩中含泥质越多，其放射性越强。利用这些规律，根据自然伽马测井结果就有可能划分出钻孔的地质剖面、确定砂泥岩剖面中砂岩泥质含量和定性地判断岩层的渗透性。密度测井的原理是利用固定强度的伽马射线源照射地层，伽马射线穿过地层时，由于产生康普顿效应，伽马射线会被地层吸收；地层对伽马射线吸收的强弱决定于岩石中单位体积内所含的电子数（即电子密度）；而电子密度与地层的密度有关，由此，通过测定伽马射线的强度可测定岩性的密度；声波时差测井原理是将一个受控声波振源放入井中，声源发出的声波引起周围质点的振动，在地层中产生体波——纵波和横波；在井壁—钻井液界面上产生诱导的界面波——伪瑞利波和斯通莱波。这些波作为地层信息的载体，被井下接收器接收送至地面记录下来，声波测井声波时差曲线主要反映地层的岩性、孔隙度和孔隙流体性质。Wyllie 等（1956）依据大量实验结果推断，在具有均匀小孔隙的固结地层中，孔隙度与声波时差存在线性关系。应用 Matlab 的神经网络法拟合三条测井曲线与孔隙度之间的关系。

根据工区南部和北部的差异，以及实测孔隙度数据和测井曲线的完整程度，选取各区代表作作为建模井，以 AC、GR、DEN 测井曲线为基础，采用 BP 神经网络算法建立孔隙度评价模型。结果显示，各井孔隙度计算值与实测值具有较好的相关性，相关系数在 0.7 左右（图 3-22）。从图中可以看出，模型的计算准确度较高，计算值与实验值有着较高的相关性，变化趋势一致。

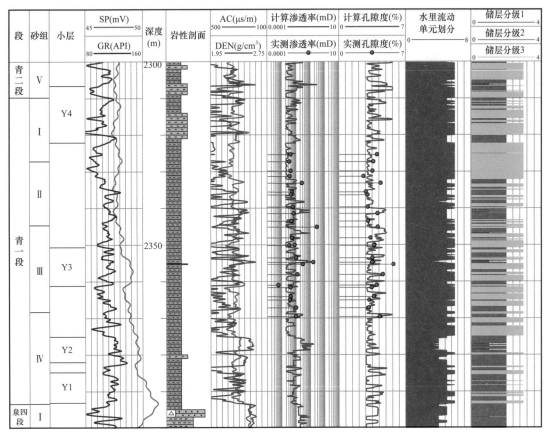

图 3-22 孔隙度评价模型建模效果图（以查 34-7 井为例）

4）基于 BP 神经网络的水流流动单元预测

由于研究区泥页岩储层测井响应复杂，难以直接通过线性回归建立测井曲线计算 FZI 方程，因此本次研究同样采用 BP 神经网络方法建立泥页岩 FZI 计算模型。最终将大 86 井作为松辽盆地南部北部模型井，新 381 井和查 34-7 井作为松辽盆地南部中部模型井，黑 197 井和黑 238 井作为松辽盆地南部模型井。松辽盆地南部北部最终模型相关系数 R^2=0.7592，中部最终模型 R^2=0.7074，南部最终模型 R^2=0.8687（图 3-23）。

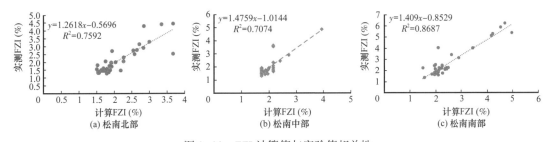

图 3-23 FZI 计算值与实验值相关性

5）基于水力流动单元储层分类的渗透率计算模型

BP 神经网络具有实现任何非线性映射的功能，适合求解内部介质复杂的问题，在复杂岩性渗透率预测中取得了良好的效果。而在测井岩石物理参数预测中孔隙度是最常见的预测参数，相比于不同样品间渗透率数量级的差异，孔隙度相对差异较小，更易应用测井曲线实现精确预测。水力流动单元的提出可有效解决孔隙度与渗透率相关性差的问题，通过对储层 HFU 的划分，可分别建立不同 HFU 孔隙度与渗透率相关性方程，有效提高非均质性储层渗透率预测精度。因此，本次研究拟分别通过 BP 神经网络计算渗透率和基于 HFU 划分计算致密储层渗透率。

在岩心样品流动带指数（FZI）分类的基础上和建立的泥页岩储层 BP 神经网络 FZI 计算模型，并建立了每类泥页岩储层孔隙度与渗透率相关性方程：

HFU Ⅰ：

$$K=0.0283\phi^{3.4433}, \quad R^2=0.9729 \tag{3-7}$$

HFU Ⅱ：

$$K=0.0200\phi^{2.6042}, \quad R^2=0.8077 \tag{3-8}$$

HFU Ⅲ：

$$K=0.0083\phi^{2.2220}, \quad R^2=0.8022 \tag{3-9}$$

HFU Ⅳ：

$$K=0.0009\phi^{2.9154}, \quad R^2=0.9323 \tag{3-10}$$

HFU Ⅴ：

$$K=0.0006\phi^{2.9154}, \quad R^2=0.8367 \tag{3-11}$$

HFU Ⅵ：

$$K=0.0001\phi^{2.7427}, \quad R^2=0.8026 \tag{3-12}$$

HFU Ⅶ：

$$K=0.00006\phi^{2.8035}, \quad R^2=0.9816 \tag{3-13}$$

根据孔隙度 BP 神经网络计算结果，应用每类泥页岩储层孔隙度与渗透率相关性方程，即可建立页岩油储层渗透率纵向连续分布。

第三节　页岩油赋存状态及可动性

一、页岩油赋存状态及机理

1. 吸附态

1）吸附模型的建立

由于高岭石片层具有独特的物理性质，其硅氧四面体具有非极性表面，铝氧八面体具有极性表面，研究高岭石中页岩油的吸附可以同时了解页岩油分子在极性和非极性表面的吸附特征，本节选取高岭石作为吸附剂来研究页岩油的吸附特征。本次研究中高岭石晶胞化学式为 $Al_2Si_2O_5(OH)_4$，晶胞中没有离子替换。初始晶胞的原子位置取自美国矿物学家晶体结构数据库（AMCSD）。高岭石壁面模型包含三个周期性的高岭石片层，由252（12×7×3）个立方晶胞构成，尺寸约为 6.2nm×6.3nm×1.9nm。在模型中，高岭石壁面最初占据了 0<z<1.9nm 的区域，并且高岭石位置在模拟过程中略有变化。为了研究组分对页岩油吸附的影响，这里使用甲烷（CH_4）、正己烷（C_6H_{14}）、正十二烷（$C_{12}H_{26}$）、正十八烷（$C_{18}H_{38}$）、萘（$C_{10}H_8$）及十八酸（$C_{18}H_{36}O_2$）的混合物来代表油的混合物。为了对比多组分的吸附特征，模型中油混合物的各组分分别加载 150 个分子，初始摩尔数百分比为 16.67%。甲烷分子代表页岩油中溶解的气体（C_1—C_5 部分），正己烷和正十二烷分子用于代表低碳数烷烃（C_6—C_{14} 饱和烃），正十八烷分子用于代表高碳数烷烃（C_{14+} 饱和烃），萘分子用于代表芳香烃（C_{6+} 芳香烃），十八酸分子用于代表极性化合物（胶质和沥青质）。可使用 PackMol 程序插入吸附质分子。

本节高岭石与六组分油混合物分子的力场模型分别使用了 ClayFF 力场及 Charmm36/Cgenff 力场。前人已经证实石英（ClayFF 力场）表面上有机分子（Charmm36/Cgenff 力场）的吸附模拟结果不仅与基于量子力学的从头算分子模拟结果一致，还与 X 射线衍射实验结果一致，ClayFF 力场与 Charmm36/Cgenff 力场的联用效果良好。油混合物分子与黏土矿物间的相互作用力使用的 Lorentz-Berthelot 混合规则。本次研究使用 Gromacs 4.6.7 软件进行模拟，静电力模型使用 Particle-Mesh-Ewald 模型（PME）。范德瓦耳斯半径代表着分子间相互作用力的范围，范德瓦耳斯半径越大，计算结果越准确，但是模拟时间会大大加长，需要对范德瓦耳斯半径的选取进行权衡。本次模拟使用 NPT 系综模拟了 200ns，为了研究温度对多组分油吸附的影响，设置了 298K—10MPa、323K—10MPa、348K—10MPa 及 373K—10MPa 四组模拟条件，为了研究压力对多组分油吸附的影响，进一步设置了 0.1MPa—323K、5MPa—323K 及 20MPa—323K 三组模拟条件，共计 7 组模拟。这些温度和压力是松辽盆地青一段油窗阶段地质温压的主要分布范围。

为了研究多组分页岩油的吸附特征，设置了各吸附层平均密度、吸附比例、摩尔密度曲线等参数来表征组分对页岩油吸附的影响。公式如下：

（1）各吸附层平均密度。

以铝氧八面体表面的第一层吸附为例，第一吸附层的平均密度（$\rho_{1layer-ave}$，g/cm^3）能够从油混合物的密度（ρ_{oil}，g/cm^3）中获得，如式（3-14）中所示。高岭石表面的吸附密度曲线是每隔 0.015nm 计算的。其他吸附层的平均密度也是通过同样的方法获得的。

$$\rho_{1layer-ave} = \frac{m_{1layer}}{V_{1layer}} = \frac{\int_0^{L_{1layer}} S_{model} \cdot \rho_{oil} dL}{L_{1layer} \cdot S_{model}} = \frac{\int_0^{L_{1layer}} \rho_{oil} dL}{L_{1layer}} \qquad (3-14)$$

式中　$\rho_{1layer-ave}$——第一吸附层的平均密度，g/cm^3；

　　　m_{1layer}——第一吸附层的质量，mg；

　　　V_{1layer}——第一吸附层的体积，nm^3；

　　　ρ_{oil}——高岭石模型中随距离 L 变化的混合油密度，g/cm^3；

　　　S_{model}——所模拟模型（XY 平面）的面积，nm^2；

　　　L_{1layer}——铝氧八面体表面第一吸附层的最大长度，nm；

其中，ρ_{oil}、L_{1layer} 可以从多组分油混合物的密度曲线中读取。

（2）吸附比例计算。

在吸附模拟中，吸附比例能反映模型孔隙中油的不可动部分。$R_{adsorption}$ 定义为

$$R_{adsorption} = \frac{m_{ada} + m_{ads}}{m_{total}} \times 100 = \frac{\int_{L_1}^{L_2} s_{model} \cdot \rho_{oil} dL + \int_{L_3}^{L_4} s_{model} \cdot \rho_{oil} dL}{m_{total}} \times 100 \quad （3-15）$$

式中　$R_{adsorption}$——吸附比例，%；

m_{ada}——铝氧八面体表面吸附质量，mg；

m_{ads}——硅氧四面体表面的吸附质量，mg；

m_{total}——油混合物的总质量，mg；

L_1——密度曲线的起始位置，nm；

L_2——硅氧四面体表面吸附层的截止位置，nm；

L_3——硅氧四面体表面吸附相与游离相分开的位置，nm；

L_4——吸附曲线的截止位置，nm。

其中，ρ_{oil}、L_1、L_2、L_3、L_4 可以从多组分油混合组的密度曲线中读取。

（3）摩尔密度曲线。

为了定量评价吸附特征，混合油中每个组分的摩尔数密度都进行了计算并分析。由于六个组分一开始的摩尔数百分比相同（均为16.67%），摩尔数密度曲线比密度曲线更能反映多组分吸附特征。以甲烷为例，甲烷摩尔密度曲线（ρ_{mol-CH_4}，kmol/m³）可以由甲烷密度曲线（ρ_{CH_4}，kg/m³）与甲烷摩尔质量（M_{CH_4}，g/mol）获得，如式（3-16）所示。其他五种组分的摩尔数密度曲线也可以用同样的方法获得。

$$\rho_{mol-CH_4} = \frac{\rho_{CH_4}}{M_{CH_4}} \quad （3-16）$$

（4）各吸附层中不同组分的摩尔数比例。

为了定量评价每个吸附层的吸附特征，对各组分在不同吸附层中的摩尔数百分比进行了分析。以铝氧八面体表面第一吸附层中的甲烷为例，$R_{1layer-CH_4}$ 是通过以下公式计算的：

$$R_{1layer-CH_4} = \frac{\int_0^{L_{1layer}} \rho_{mol-CH_4} dL}{\left(\begin{array}{l} \int_0^{L_{1layer}} \rho_{mol-CH_4} dL + \int_0^{L_{1layer}} \rho_{mol-C_6H_{14}} dL + \int_0^{L_{1layer}} \rho_{mol-C_{12}H_{26}} dL + \\ \int_0^{L_{1layer}} \rho_{mol-C_{18}H_{38}} dL + \int_0^{L_{1layer}} \rho_{mol-C_{10}H_8} dL + \int_0^{L_{1layer}} \rho_{mol-C_{18}H_{36}O_2} dL \end{array} \right)} \quad （3-17）$$

其中，L_{1layer} 为铝氧八面体表面第一吸附层的截止位置，这个参数可以在多组分混合油摩尔数密度曲线上读取。

（5）吸附相中不同组分的总摩尔数比例。

为了定量对比不同稳压条件下六个组分的吸附特征，对高岭石两个表面吸附相中各组分的吸附百分比进行了计算。以298K条件下铝氧八面体表面的吸附相甲烷为例，R_{ada-CH_4}

可以通过以下公式进行计算：

$$R_{\text{ada-CH}_4} = \cfrac{\displaystyle\int_0^{L_{\text{ada}}} \rho_{\text{mol-CH}_4} \mathrm{d}L}{\left(\begin{array}{l}\displaystyle\int_0^{L_{\text{ada}}} \rho_{\text{mol-CH}_4} \mathrm{d}L + \int_0^{L_{\text{ada}}} \rho_{\text{mol-C}_6\text{H}_{14}} \mathrm{d}L + \int_0^{L_{\text{ada}}} \rho_{\text{mol-C}_{12}\text{H}_{26}} \mathrm{d}L + \\ \displaystyle\int_0^{L_{\text{ada}}} \rho_{\text{mol-C}_{18}\text{H}_{38}} \mathrm{d}L + \int_0^{L_{\text{ada}}} \rho_{\text{mol-C}_{10}\text{H}_8} \mathrm{d}L + \int_0^{L_{\text{ada}}} \rho_{\text{mol-C}_{18}\text{H}_{36}\text{O}_2} \mathrm{d}L\end{array}\right)} \quad （3-18）$$

式中　L_{ada}——铝氧八面体表面吸附层的截止位置。

（6）不可动比例计算。

不可动比例主要受单位质量吸附能力（$C_{\text{adsorption-m}}$，mg/g）、岩石热解参数（S_1，mg/g，1g 富有机质页岩中油的质量，能够通过岩石热解实验获得）、赋存油的孔隙的表面积（A_{oil}，m²/g）控制。

$$F_{\text{uc}} = \frac{C_{\text{adsorption-m}}}{S_1} = \frac{\dfrac{c_{\text{ada-a}} + c_{\text{ads-a}}}{2} \cdot A_{\text{oil}}}{S_1} \quad （3-19）$$

$$A_{\text{oil}} = A_{\text{shale}} \cdot Z_{\text{oil}} / 10 \quad （3-20）$$

$$Z_{\text{oil}} = \frac{A_{\text{shale-ab}} - A_{\text{shale-uab}}}{A_{\text{shale-ab}}} \quad （3-21）$$

式中　$c_{\text{ad-a}}$、$c_{\text{ads-a}}$——单位面积吸附能力，mg/m²；

　　　A_{shale}——页岩的表面积，可以通过氮气吸附实验获得，m²/g；

　　　Z_{oil}——包含油的孔隙比率，%；

　　　$A_{\text{shale-ab}}$——用氯仿抽提出来的页岩表面，可以通过氮气吸附实验获得，m²/g；

　　　$A_{\text{shale-uab}}$——未抽提的页岩表面，可以通过氮气吸附实验获得，m²/g。

2）油的组分及矿物表面极性对页岩油吸附的影响

通过计算得出油混合物中各组分的摩尔密度，以定量评价油混合物中各组分在高岭石表面的吸附特征。甲烷的摩尔数密度分布图显示在铝氧八面体表面有四个不同的吸附层，单层吸附厚度为 0.42nm，第一吸附层的摩尔数峰值略高于体相（图 3-24a）。与铝氧八面体表面相比，硅氧四面体表面甲烷的摩尔数密度分布图显出七个不同的吸附层，但大多数都低于孔中心区域（图 3-24b）。这种现象与高岭石表面单组分甲烷的吸附特征不同，高岭石表面甲烷只有一个主要的吸附层，且此单组分甲烷吸附层的密度是体相密度的 4 倍（Chen 等，2017）。铝氧八面体表面烷烃的吸附摩尔数密度分布图表明，甲烷同样具有四个吸附层（图 3-24a）。此外，吸附层的密度低于体相（狭缝状孔隙中部）区域，表明烷烃不易吸附在铝氧八面体表面。相比之下，硅氧四面体表面有七层烷烃吸附层，密度值远高于体相区域，对碳数较高的正十八烷分子来说尤其如此，正十八烷分子占据了硅氧四面体表面第一吸附层表面积的一半。在硅氧四面体表面前四个吸附层（这是受高岭石影响最大的区域）内，发现摩尔数密度峰值随烷烃链长而减小（图 3-24b）。

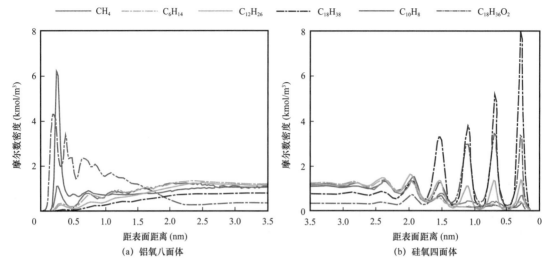

图 3-24　高岭石表面六组分油混合物中各组分的摩尔数密度分布图

芳香烃（萘）主要直接吸附在铝氧八面体面，而不是硅氧四面体面，在铝氧八面体面吸附密度曲线上呈现出一个明显的峰（图 3-24a），其峰值为 6.20kmol/m^3，是体相密度（0.87kmol/m^3）的 7 倍。但是在硅氧四面体表面有 7 个吸附层，每层的密度值都低于体相密度（图 3-24b）。这表明萘更容易吸附在铝氧八面体表面而不是硅氧四面体表面。十八酸的吸附密度曲线（图 3-24a、b）显示在铝氧八面体表面有 3 个吸附层，在硅氧四面体表面有 6 个吸附层。十八酸的体相密度是最低的，表明十八酸相对于其他油组分来说更容易吸附。十八酸在铝氧八面体表面的第一个吸附层密度曲线上有两个明显的峰，与其他组分特征不同。十八酸分子的羟基官能团吸附在铝氧八面体表面，部分氢键与 Al—OH 官能团结合，从而致使疏水烷基链远离铝氧八面体表面。这一现象可与硅氧四面体表面对比，在硅氧四面体表面可以观察到烷基链，平行于高岭石表面，羟基官能团远离硅氧四面体表面。这个结果与 Underwood 等（2016）对硅氧四面体表面的研究成果一致，十八酸分子吸附的排列与硅氧四面体表面方向平行，与正十八烷的分子的结构类似。十八酸在第一吸附层只形成了一个峰，5 个密度峰的值高于体相密度值，由于正十八烷的竞争性吸附，第一层的密度不高于第二层的密度。

为了对比 6 个组分的吸附特征，计算了每个组分在不同吸附层的吸附比例［式（3-21）］。铝氧八面体表面 6 个组分的摩尔数表明第一吸附层中萘和十八酸占了 85%（图 3-25a）。它们的吸附比例随着吸附层数量增加而减小（这种现象可以成为正吸附趋势）。同时烷烃的吸附模式相反（可成为负吸附趋势），4 个吸附层中的吸附比例随着碳数增加而减小。

在硅氧四面体表面，正十八烷的吸附比例随着吸附层数增加而减小，与铝氧八面体的规律不同，表明正十八烷更容易吸附在硅氧四面体表面（图 3-25b）。甲烷、正己烷、正十二烷的吸附比例随着吸附层数增加而增加，与铝氧八面体表面规律一致，表明相对其他三种组分，它们不容易吸附在高岭石的两个表面。萘在硅氧四面体面上与甲烷、正己烷、正十二烷类似，也呈现负吸附趋势，不同于在铝氧八面体的规律，表明萘更容易吸附在铝氧八面体表面。每种液态烷烃（正己烷、正十二烷、正十八烷）的吸附比例在前四个吸附层随着碳数增加而增加。

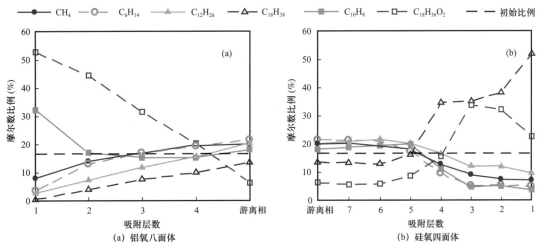

图 3-25 高岭石表面六组分混合油中各组分在不同吸附层中的摩尔数比例

在对比 6 个组分的吸附特征和密度曲线的摩尔数密度和占比后，可以得出：(1) 铝氧八面体表面的吸附层数、每个吸附层的密度、总吸附量均小于硅氧四面体；(2) 硅氧四面体的表面晶格结构控制着油分子的排列，而铝氧八面体表面这个现象不明显；(3) 芳香萘和极性十八酸分子更容易吸附在铝氧八面体表面，正十八烷分子更容易吸附在硅氧四面体表面，烷烃分子在硅氧四面体吸附层中的吸附比例随着碳数增加而增加；(4) 烷烃在铝氧八面体表面呈现负吸附趋势，萘与十八酸呈现正吸附趋势；(5) 正十八烷分子在硅氧四面体表面呈现正吸附趋势，同时甲烷、正己烷、正十二烷、萘呈现负吸附趋势。将硅氧四面体与铝氧八面体分开进行统计对油组分吸附特征的研究非常重要，有利于确定孔隙中油的界面张力与纳米级尺度的流动机制。

3) 温度及压力对页岩油吸附的影响

（1）压力对多组分油混合物吸附特征的影响。

由四个不同压力点（0.1MPa、5MPa、10MPa 及 20MPa）油混合物的密度分布曲线可以看出：首先，随着压力的升高，高岭石两个不同表面的吸附层数量保持不变（铝氧八面体表面 4 个吸附层，硅氧四面体表面 5 个吸附层）（图 3-26）；其次，油混合物密度随压力的变化不大，单个吸附层厚度随压力的增加略有减小，这是因为随着压力的增加，施加在系统上的力增加，这导致油分子排列更加紧密。因此，与单层厚度减小相对应的，密度峰值略有增加。但是总的来说，压力对油吸附的影响很小。

（2）温度对六组分油混合物吸附特征的影响。

在四种不同温度（298K、323K、348K 及 373K）下，基于高岭石两个不同表面绘制了油混合物的密度图（图 3-27）。随着温度的升高，高岭石两个不同的表面上油膜的厚度不断增大，而吸附密度随之减小。其次，随着温度的升高，铝氧八面体表面的吸附层数从 6 层下降到 3 层（298K 时为 6 层，323K 时为 4 层，348K 时为 4 层，373K 时为 3 层），硅氧四面体表面的吸附层从 7 层下降到 5 层（298K 及 323K 时为 7 层，348K 及 373K 时为 5 层）。虽然高岭石两个不同表面的单个吸附层厚度都随温度的升高而增大，但是吸附层的密度、总吸附厚度及总吸附能力则均随温度的升高而呈现下降的趋势。尤其是随着温度的升高，每个吸附层的密度曲线的峰值位置均会向远离高岭石表面的方向移动（在硅氧四面体表面密度峰值的位置：298K 时为 0.69nm，323K 时为 0.69nm，348K 时为 0.74nm，373K 时为 0.78nm），但是第一吸附层密度峰值位置不随温度的变化而变化（在四个温度点上，硅氧四面体表面的第一密度峰值位置均为 0.29nm）。将本次分子动力学模拟的单层吸附层厚度与 Dirand 等（2002）测量的 293K 下结晶态正十八烷分子间的厚度进行了对比：四个温度点下每个吸附层的厚度分别为 0.41nm（298K）、0.42nm（323K）、0.43nm（348K）及 0.44nm（373K）。这些距离与 293K 条件下所得结晶态正十八烷单层分子层厚 0.40nm 的实验结果相当，这些值比实验室稍高（低于 10%）的原因是：① 随着温度的升高，直链烷烃发生扭转的概率更高，在表面吸附时，分子与表面不呈平行状吸附，排列不整齐；② 本次模拟所使用油混合物模型中含有一些小分子（如甲烷、正己烷）溶解在长链分子中，这同样会使吸附厚度增加。

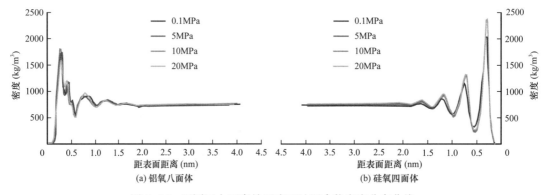

图 3-26　不同压力下高岭石表面油混合物密度分布曲线

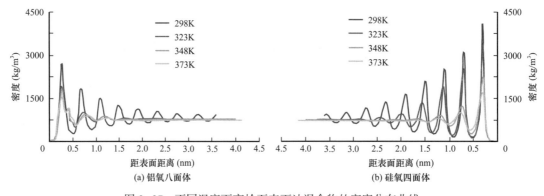

图 3-27　不同温度下高岭石表面油混合物的密度分布曲线

为了进一步定量比较六组分在四个温度下的吸附特征，本次研究用式（3-20）计算了高岭石不同表面吸附相中单组分的吸附比例，图 3-28（a）和（c）显示了四种不同温度下，铝氧八面体表面吸附相区域、体相区域及硅氧四面体表面吸附相区域烷烃（甲烷、正己烷、正十二烷及正十八烷）的摩尔数百分比，图 3-28（e）和（f）分别显示了铝氧八面体表面吸附相区域、体相区域及硅氧四面体表面吸附相区域萘和十八酸的摩尔数百分比，图中黑色虚线为混合油模型中各组分的初始摩尔数百分比（16.67%）。铝氧八面体吸附相区域内烷烃的摩尔数百分比随温度升高而降低，且均低于初始百分比，说明烷烃不易吸附在铝氧八面体表面。在较低温度（298K）下，烷烃的摩尔数百分比几乎相同，非常接近初始百分比，然而随着温度的升高，吸附相区域高碳数烷烃的摩尔数百分比下降速率快于低碳数烷烃。在 373K 时，不同碳数烷烃的摩尔数百分比相差最大。铝氧八面体表面烷烃的摩尔数百分比顺序为甲烷＜正己烷＜正十二烷＜正十八烷，分别为 14.4%、12.1%、7.9% 和 6.8%（图 3-28a）。随温度的升高，十八酸摩尔数百分比在铝氧八面体吸附相区域内呈线性增长趋势，然而，萘有轻微下降的趋势。此外，十八酸和萘的摩尔数百分比均高于初始摩尔数百分比（16.67%），这表明它们比烷烃更容易被吸附在铝氧八面体表面（图 3-28d）。

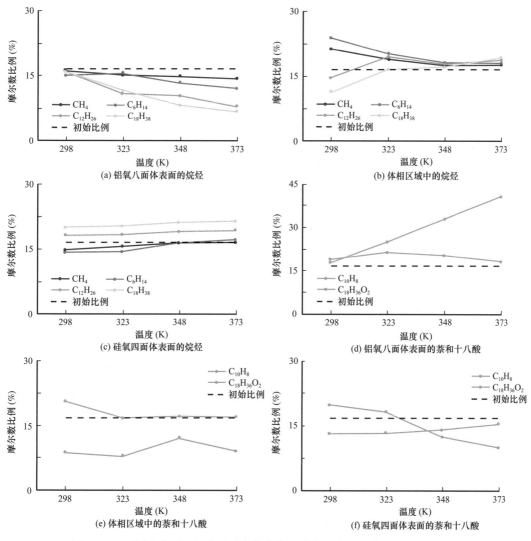

图 3-28　不同温度下六组分油混合物中各组分在吸附相区域内的摩尔数比例

进一步讨论了六种组分在硅氧四面体表面吸附相区域内的摩尔数百分比。烷烃在硅氧四面体表面的趋势与铝氧八面体表面的趋势相反，随着温度的升高，烷烃摩尔数百分比随之升高。与低碳数烷烃相比，高碳数的烷烃优先吸附在硅氧四面体表面，这与铝氧八面体表面观察到的趋势是相反的（图3-28c）。十八酸的摩尔数百分比随温度升高而降低，萘的吸附比例随温度的升高略有增加。同时，萘和十八酸的吸附比例都比初始百分比低，这表明它们不易吸附在硅氧四面体表面，特别是在温度较高的情况下（图3-28f）。

体相区域多组分的摩尔数百分比也间接反映了高岭石不同表面总吸附量的百分比。在298K时，低碳数的烷烃（甲烷和正己烷）在体相区域内的百分比高于高碳数烷烃，但随着温度的升高，烷烃的百分比开始收敛，接近初始百分比。在373K时，体相区域的烷烃百分比顺序为甲烷＜正己烷＜正十二烷＜正十八烷，分别为17.7%、18.4%、18.8%和19.2%（图3-28b）。这表明，较高碳数的烷烃在低温下更容易吸附在高岭石的表面，而温度升高时，高碳数烷烃更易脱离吸附相区域。萘在体相区域中的摩尔数百分比变化趋势与低碳数烷烃的摩尔数百分比变化趋势相同，与初始摩尔数百分比基本相等，这表明萘在体相区域内的比例与吸附相区域内的比例一致。十八酸的摩尔数比例变化规律并不明显，但是比例均小于初始百分比，这表明十八酸相对于其他组分更易被吸附在高岭石表面。

本次研究绘制了单位面积吸附油量、单位面积吸附油相体积及吸附油相密度随温度的变化关系图（图3-29）。研究发现单位面积吸附油量、单位面积吸附油相体积及吸附油相密度均随温度的增大而减小。从25℃～100℃，单位面积吸附油量减小了45.07%，单位面积吸附油相体积减小了43.00%，吸附油相密度只减小了3.10%，单位面积吸附油量随温度减小的主要因素是单位面积吸附油相体积的减小，与吸附油相密度关系不大。

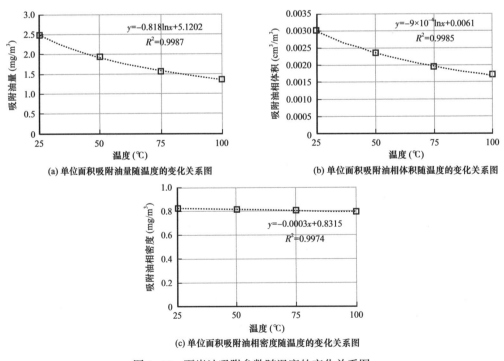

(a) 单位面积吸附油量随温度的变化关系图

(b) 单位面积吸附油相体积随温度的变化关系图

(c) 单位面积吸附油相密度随温度的变化关系图

图3-29 页岩油吸附参数随温度的变化关系图

2. 溶胀态

1）干酪根溶胀作用原理

溶胀是高分子物理中的一个概念，用来描述交联聚合物在溶剂中不溶解而溶胀的现象。Ritter（2003b）首先将溶胀理论用于油气的初次运移研究中，但并没有进行实验研究，只是借用溶胀理论的基本概念和思路。Ertas 等（2006）通过实验研究了石油在干酪根中的溶胀作用，陈尧等（1997）、蔡玉兰等（2007）也通过实验模拟了石油在干酪根中的溶胀过程。

从高聚物角度看，干酪根在溶剂中无法溶解，却可以大量吸收与其接触的溶剂，此时，溶剂分子向聚合物结构的渗入，造成干酪根的体积膨胀，称作干酪根的溶胀作用。该理论基于溶解度参数，Hildebrand 等（1939）将其定义为物质的内聚能密度平方根，该参数主要是被用来表征简单液体分子间相互作用强度的特征和衡量不同聚合物之间的相容程度，进而被用于解释溶胀过程；Flory（1954）在早期研究中正是利用正规溶液溶解理论解释了溶胀过程。

干酪根中的溶胀烃，赋存在干酪根骨架中，不能流动，对产量没有贡献。但由于干酪根在溶胀过程中会发生体积增大，而地质条件下存在无机矿物的约束，增大部分体积因无法向外延展，就会向干酪根内孔隙部分膨胀，导致有机孔减小，有机孔隙容留油量减少。

溶胀过程中，试图渗入交联高聚物内的溶剂分子使其网络胀大，但网状分子链在交联高聚物体积膨胀后向三维空间伸展，导致交联网产生弹性收缩效果。这样直到溶剂的扩散力和网络的弹性收缩力相平衡时，高聚物体积不再增大，达到溶胀平衡。

研究表明煤中干酪根溶胀过程是不可逆的，且主要特征为非共价键的断裂，无法利用现有的正规溶液溶解理论去解释该过程。泥页岩中干酪根具有较高的交联密度，氢键在分子间作用力中不起主要作用，溶剂分子与干酪根网络之间不存在特殊相互作用，不伴随非共价键的断裂，因此遵循正规溶液溶解理论，可用正规溶液溶解理论对其溶胀过程进行解释。

2）溶胀作用影响因素

（1）干酪根的类型。

Exxon 公司根据 Flory-Rehner 胶体弹性理论和正规溶液溶解理论对影响干酪根溶胀行为的关键热力学参数进行了标定，并且在研究中发现Ⅲ型干酪根相比于Ⅱ型干酪根溶解度参数、交联密度和原始干酪根体积分数均较大，实验表明，除吡啶外，在与不同溶剂作用时，Ⅱ型溶胀比均大于Ⅲ型干酪根。

（2）干酪根的成熟度。

张馨等（2008）对煤中干酪根的研究表明，在 R_o 小于 1.25% 范围内，Ⅲ型干酪根溶胀比随成熟度升高而降低，而 R_o 大于 1.25% 时，其溶胀比随成熟度增加反而升高，这表明干酪根的成熟度对其溶胀比的变化有显著的影响。

（3）溶剂的性质。

不同溶剂所含杂原子及分子结构不同，因而对干酪根中大分子相和小分子相间弱键削弱能力不同，溶胀效果不同。Szeliga 等（1983）研究认为，溶剂供电子数（EDN）为 0~16 时，分子扩散导致煤中干酪根发生略微溶胀。在一定范围内，分子体积增加导致溶胀度增大，并影响溶胀动力学过程，但不改变溶剂扩散机理。Hall 等（1988）研究认为，在碱性较弱的溶剂中，煤中干酪根的氢键参与反应的数量较多，因此溶胀度较大，但超过临界值后，溶胀度不变。根据非极性体系中"溶解度参数相近原则"和"相似相溶原则"，干酪根溶胀比是随着干酪根的溶解度参数与溶剂溶解度参数差异大小而变化，差异越小溶胀比越大。

3）溶胀态页岩油定量评价

为了研究页岩油在干酪根中的溶胀特征，设置了干酪根溶胀油量、各组分溶胀量、干酪根溶胀比三个参数来表征组分及干酪根类型对页岩油溶胀的影响。

（1）干酪根溶胀油量：

$$Q_{\text{oil}} = \int_{L_{\text{o1}}}^{L_{\text{o2}}} S_{\text{model}} \rho_{\text{oil}} \mathrm{d}L \qquad (3-22)$$

式中　Q_{oil}——干酪根的溶胀油量，g；

　　　L_{o1}——干酪根密度曲线与页岩油密度曲线相交的起始位置，nm；

　　　L_{o2}——干酪根密度曲线与页岩油密度曲线相交的截止位置，nm；

　　　S_{model}——干酪根—页岩油溶胀及吸附模型的截面积，m²；

　　　ρ_{oil}——页岩油密度曲线，kg/m³（ρ_{oil}、L_{o1}、L_{o2} 可以从页岩油的密度曲线中读取）。

（2）干酪根溶胀比：

$$Q_{\text{v}} = \frac{Q_{\text{oil}}}{m_{\text{k}}} = \frac{Q_{\text{oil}}}{(n/N_{\text{A}}) \cdot M_{\text{k}}} \qquad (3-23)$$

式中　Q_{v}——干酪根溶胀比；

　　　m_{k}——干酪根质量，g；

　　　n——干酪根分子个数，本书取值 100；

　　　N_{A}——阿伏伽德罗常数，$6.02 \times 10^{23} \text{mol}^{-1}$；

　　　M_{k}——干酪根摩尔质量，g/mol；

　　　Q_{oil}——页岩油溶胀量，g。

为了进一步对比不同类型干酪根溶胀及吸附页岩油的区别，本次研究绘制了页岩油在不同类型干酪根内溶胀—吸附密度分布曲线（图 3-30）。从图中可以看出，在溶胀区内Ⅰ型干酪根溶胀区内页岩油密度曲线分布明显高于Ⅱ型干酪根和Ⅲ型干酪根，利用式（3-22）及式（3-23），对不同类型干酪根溶胀量及溶胀比进行了定量评价，Ⅰ型、Ⅱ型及Ⅲ型干酪根溶胀油量分别为 161.04mg/g TOC、104.96mg/g TOC 及 70.29mg/g TOC，干酪根溶胀比 Q_{v} 分别为 1.161、1.105 及 1.070。对于干酪根溶胀来说，Ⅰ型干酪根中支链烷烃含量高，活动相比例大，分子与分子之间相互作用力小，基质骨架收缩力弱，页岩油分子更容易进入干酪根聚合体中，导致溶胀量大；而Ⅱ型干酪根和Ⅲ型干酪根分子中芳香结构含量高，固定相比例大，分子与分子之间相互作用力大，基质骨架收缩能力强，页岩油分子不容易进入干酪根聚合体中，导致类型越差，溶胀量越小。

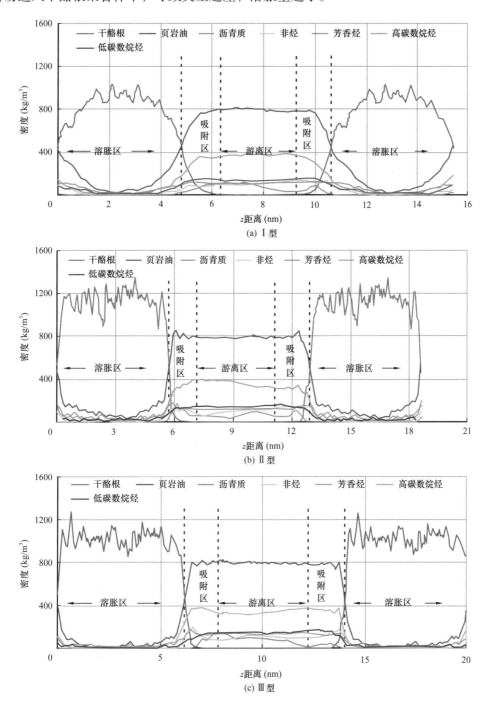

图3-30　页岩油在不同类型干酪根内溶胀—吸附特征曲线图

在吸附区Ⅰ型干酪根表面没有明显的页岩油吸附峰，而Ⅱ型干酪根和Ⅲ型干酪根表面有明显的吸附峰，且Ⅰ型、Ⅱ型及Ⅲ型干酪根单位面积吸附量分别为1.149mg/m²、

1.239mg/m² 及 1.316mg/m²，类型越差，干酪根单位面积吸附油量越大。这是因为 I 型干酪根分子中饱和烃支链较多，导致干酪根聚合体表面比含芳香环结构较多的 II 型干酪根和 III 型干酪根表面更为不平整，吸附密度峰值与分子在固体表面的排列有关，排布越规律，吸附密度峰值越高，而 I 型干酪根聚合体表面不平，使得页岩油分子在 I 型干酪根聚合体表面排布不如在 II 型干酪根和 III 型干酪根表面规律，从而没有明显的吸附密度峰。且干酪根类型越差，其中芳香结构含量高，干酪根分子对页岩油的作用力越强，页岩油吸附相密度高，吸附相体积大，导致单位面积吸附量随干酪根类型变差而变大。本次研究中 I 型、II 型及 III 型干酪根单位面积吸附量均低于石墨烯单位面积吸附量 1.396mg/m²，可见表面的平整程度及芳香香结构的含量控制着有机质单位面积吸附量。

二、不同赋存状态页岩油定量评价

页岩油主要以干酪根吸附、干酪根孔隙容留、干酪根溶胀、无机矿物吸附、无机矿物孔隙容留五种状态存在。定量评价各种赋存状态页岩油的量，对页岩油资源评价、可动量研究、产能预测均具有重要意义。

1. 干酪根溶胀量定量评价

以松辽盆地青一段泥页岩中的 II_1 型干酪根为例，介绍评价的原理和方法：以分子动力学模拟所得未熟阶段 II_1 型干酪根的溶胀油量为初始溶胀量。由于干酪根的量在演化过程中因生烃而不断减少，且干酪根溶胀油的能力随成熟度的升高逐渐降低，因此，不同演化阶段 II_1 型干酪根溶胀油量（Q_s）可以视为初始溶胀量（Q_w，104.96mg/g）与不同演化阶段 II_1 型干酪根质量（m_k）及溶胀率减小系数（f_s）的乘积［式（3-24）］。为了便于不同赋存状态页岩油量能在一起进行对比，对页岩油量进行了归一化，以 1g 原始有机碳对干酪根溶胀油量进行归一化。

不同演化阶段 II_1 型干酪根溶胀量：

$$Q_s = Q_w \cdot m_k \cdot f_s \qquad (3-24)$$

1g 原始有机碳对应的干酪根质量：

$$m_k = m_f \cdot F_t + m_s = \left(HI^0 / 1000 \right) \cdot F_t + \left(1 - HI^0 \cdot 0.083 / 100 \right) \qquad (3-25)$$

式中　m_f——干酪根中可转化部分质量，g；

　　　m_s——干酪根中不可转化部分质量，g；

　　　HI^0——原始氢指数，mg/g TOC（本次研究取 600mg/g TOC 作为松辽盆地北部青一段泥页岩 II_1 型干酪根原始氢指数）；

　　　0.083——氢指数中碳的转化系数；

　　　F_t——转化率。

利用松辽盆地青一段未熟泥页岩样品的热解及 PY-GC 实验结果，建立并标定化学动力学模型（卢双舫，1996），结合松辽盆地埋藏史和热史，计算不同 R_o 对应的转化率，进而结合式（3-24）及式（3-25）计算不同岩相干酪根溶胀油量（图 3-31a、b）。

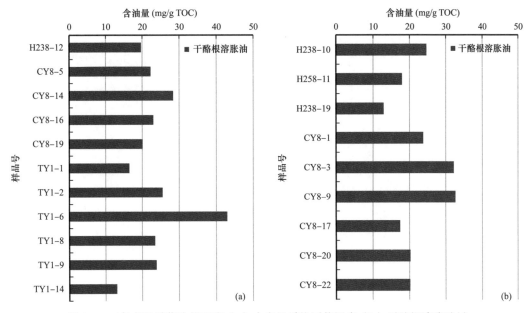

图 3-31　高有机质薄片状页岩（a）中有机质纹层状泥岩（b）干酪根溶胀油量

从图 3-31（a）中可以看出，高有机质薄片状页岩干酪根溶胀油量 TY1-6 最高，含油量约为 43mg/g TOC；TY1-14 最低，含油量约为 13mg/g TOC；高有机质薄片状页岩干酪根各井溶胀油量平均为 23mg/g TOC 左右。从图 3-31（b）中可以看出，中有机质纹层状泥岩干酪根溶胀油量 CY8-9 最高，含油量约为 33mg/g TOC；H238-19 最低，含油量约为 13mg/g TOC；中有机质纹层状泥岩干酪根溶胀油量平均为 22mg/g TOC。

2. 干酪根吸附油量定量评价

干酪根吸附油量受控于干酪根的吸附面积（比表面积）及单位面积吸附油量。而干酪根比表面积与演化程度有关，单位面积的吸附油量则与温度、压力和油的组成密切相关。一般来说，随着有机质演化程度的增加，伴随地层温度升高，油质变轻，吸附油相密度逐渐减小（超过压力升高的影响程度），单位面积吸附油量下降，因此，所吸附的油量总体上逐渐降低。因此，本次研究首先建立干酪根比表面积计算模型，得到不同演化阶段干酪根比表面积，然后根据分子动力学模拟所得干酪根单位面积吸附量，将干酪根比表面积与单位面积吸附油量相乘，得到干酪根总吸附油量。

1）干酪根比表面积模型的建立

松辽盆地青山口组的泥页岩的微观孔隙可以分为微孔（＜10nm）、小孔（10～50nm）、中孔（50～150nm）、大孔（150～10000nm）。在对数坐标系下对其进行划分，每段平均分为 10 份，统计第 n 段（$D_{n-1} \sim D_n$）孔径内有机孔隙的表面积，则有机孔隙表面积 SK 可由这 n 段比表面积之和计算得来：

$$SK = \sum_{i=1}^{n} SK_i \qquad （3-26）$$

式中 n——泥页岩孔径分段统计个数，取值为 50；

SK$_i$——第 i 段（$D_{i-1} \sim D_i$）孔径内干酪根孔隙的表面积，m^2。

设第 n 段（$D_{n-1} \sim D_n$）孔径内有机质孔隙均由直径为 D_n 的球形孔隙组成，则 SK$_n$ 可由式（3-27）计算得来：

$$SK_n = NK_n \cdot sK_{D_n} \cdot RK \tag{3-27}$$

式中 NK$_n$——第 n 段（$D_{n-1} \sim D_n$）孔径内有机质孔隙个数；

sK$_{D_n}$——单个直径为 D_n 的球型孔隙的表面积，m^2；

RK——干酪根孔隙表面粗糙系数。

利用原子力显微镜对页岩油样品孔隙表面粗糙系数进行评价，查页 8 井的 RK=1.33，黑 238 井的 RK=1.43，黑 258 井的 RK=1.13，塔页 1 井的 RK=1.29。

sK$_{D_n}$ 可由球的表面积计算公式所得：

$$sK_{D_n} = \pi D_n^2 \tag{3-28}$$

第 n 段（$D_{n-1} \sim D_n$）孔径内有机质孔隙个数 NK$_n$ 可由第 n 段（$D_{n-1} \sim D_n$）孔径内有机质孔隙体积 VK$_n$ 除以单个直径为 D_n 的球形孔隙的体积 vK$_{D_n}$ 而来：

$$NK_{D_n} = \frac{VK_n}{vK_{D_n}} = \frac{V_\phi \cdot FK_n}{\frac{4}{3}\pi\left(\dfrac{D_n}{2}\right)^3} \tag{3-29}$$

式中 V_ϕ——1g 原始有机碳对应干酪根孔隙体积，m^3；

FK$_n$——第 n 段（$D_{n-1} \sim D_n$）有机孔径的比例。

第 n 段（$D_{n-1} \sim D_n$）有机孔径的比例 Pk$_n$ 可由式（3-30）而来：

$$FK_n = \frac{\int_0^{D_n} Pk_{SEM} dD - \int_0^{D_{n-1}} Pk_{SEM} dD}{\left(\int_0^{D_n} Pk_{SEM} dD - \int_0^{D_{n-1}} Pk_{SEM} dD\right) + \int_0^{D_n} Pm_{SEM} dD - \int_0^{D_{n-1}} Pm_{SEM} dD} \tag{3-30}$$

式中 Pk$_{SEM}$ 及 Pm$_{SEM}$——基于扫描电镜实验的有机及无机孔径分布比例。

干酪根孔隙体积随着干酪根生烃作用的增加在不断增大，但是由于溶胀作用，会减小一部分孔隙，地层对岩石的压实作用同样会导致有机孔隙减小，综合这三种因素，1g 原始有机碳对应的有机孔隙体积 V_ϕ（姚秀云等，1989）：

$$V_\phi = (V_{gh} - V_{sw} - V_{os}) \cdot V_{comp} \tag{3-31}$$

式中 V_{gh}——因干酪根生成油气所产生的有机孔隙体积，cm^3/g TOC；

V_{sw}——干酪根溶胀体积，cm^3/g TOC；

V_{os}——油裂解成气产生的死碳体积，cm^3/g TOC；

V_{comp}——压实系数。

因干酪根生成油气所产生的有机孔隙体积 V_{gh} 可由式（3-32）所得：

$$V_{gh} = V_f \cdot F_t \tag{3-32}$$

式中　V_f——干酪根中可转化部分所对应的体积，$cm^3/g\ TOC$；

F_t——转化率。

干酪根中可转化部分所对应的体积 V_f 可由 1g 有机碳对应的原始干酪根体积 V_k^0 及干酪根中不可转化部分所对应的体积 V_s 计算得来：

$$V_f = V_k^0 - V_s \qquad (3-33)$$

$$V_k^0 = m_k^0 / \rho_k^0 \qquad (3-34)$$

$$V_s = m_s / \rho_s \qquad (3-35)$$

$$m_k^0 = HI^0 / 1000 + m_s \qquad (3-36)$$

$$m_s = 1 - HI^0 \times 0.083 / 100 \qquad (3-37)$$

式中　HI^0——原始氢指数，$mg/g\ TOC$；

0.083——氢指数中碳的转化系数；

ρ_k^0——未熟干酪根密度，g/cm^3；

ρ_s——干酪根中不可转化部分的密度，g/cm^3。

参考傅家谟（1995）中未熟阶段及过熟阶段 II_1 型干酪根密度曲线图，ρ_k^0 及 ρ_s 分别取值为 $1.25g/cm^3$ 及 $1.35g/cm^3$。

有机孔隙体积 V_ϕ 与干酪根溶胀能力 Q_v 及因干酪根生成油气所产生的有机孔隙体积 V_{gh} 有关：

$$V_\phi = \begin{cases} \left[V_f \cdot (1-F_t) + V_s \right] \cdot Q_v, & 当 \left[V_f \cdot (1-F_t) + V_s \right] \cdot Q_v < V_{gh} 时 \\ V_{gh}, & 当 \left[V_f \cdot (1-F_t) + V_s \right] \cdot Q_v \geq V_{gh} 时 \end{cases} \qquad (3-38)$$

式中　Q_v——分子动力学模拟所得 II_1 型干酪根溶胀率。

图 3-32（a）可知，高有机质薄片状页岩 CY8-5 有机孔体积最大，约为 $0.18cm^3/g$ TOC；TY1-14 有机孔体积最小，约为 $0.14cm^3/g$ TOC。图 3-32（b）可知，中有机质纹层状泥岩 CY8-3 有机孔体积最大，约为 $0.19cm^3/g$ TOC；H238-10 最小，约为 $0.14cm^3/g$ TOC。图 3-32（c）可知，高有机质薄片状页岩干酪根比表面积最大的是 CY8-16，约为 $17m^2/g$ TOC；TY1-14 最小，约为 $7m^2/g$ TOC。图 3-32（d）可知，中有机质纹层状泥岩干酪根比表面积最大的是 CY8-17，约为 $23m^2/g$ TOC；H238-10 最小，约为 $11m^2/g$ TOC。

2）不同类型干酪根吸附油量研究

图 3-33（a）可知，高有机质薄片状页岩干酪根吸附油量最大的为 TY1-6，吸附油量约为 51mg/g TOC；最小的为 H258-12，吸附油量约为 8mg/g TOC。图 3-33（b）可知，中有机质纹层状泥岩干酪根吸附油量最大的为 CY8-9，吸附油量约为 32mg/g TOC；最小的为 H238-10，吸附油量约为 7mg/g TOC。

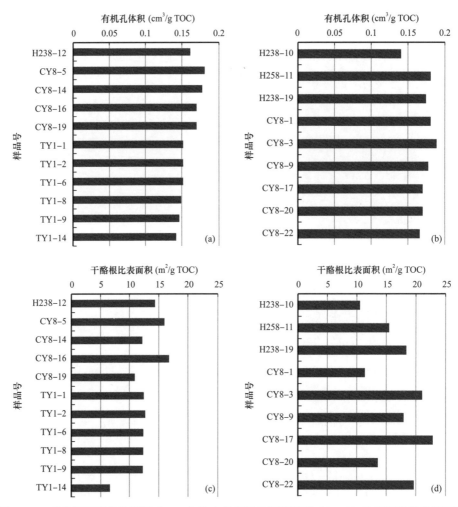

图 3-32 高有机质薄片状页岩（a、c）和中有机质纹层状泥岩（b、d）的有机孔隙体积图和
干酪根比表面积图

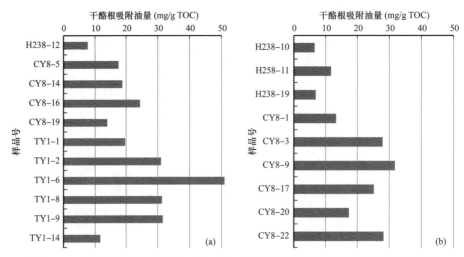

图 3-33 高有机质薄片状页岩（a）和中有机质纹层状泥岩（b）干酪根吸附油量

3. 有机孔隙游离油量定量评价

干酪根在生烃的过程中会产生有机孔隙，有机孔隙也会在埋深、演化过程中发生变化。本次研究计算了 II_1 型有机质生烃增孔量、油成气形成死碳减孔量、干酪根溶胀减孔量、烃源岩压实减孔量，得到不同类型的有机质在不同演化阶段条件下有机孔隙体积的变化规律。有机孔隙体积减去油吸附相体积，结合不同阶段生成的油密度，计算得到有机孔隙容留油量。具体计算过程及结果如下：

在对有机孔隙体积及干酪根吸附油量定量评价的基础上，对有机孔隙游离油量进行了定量评价。在有机孔隙中，页岩油主要以吸附态及游离态两种赋存状态存在，扣除页岩油吸附相体积，即为页岩油游离相体积，将之与页岩油密度相乘即可得到有机孔隙游离油量 Q_{free}：

$$Q_{\text{free}} = (V_{\phi} - V_{\text{ad}}) \cdot \rho_{\text{oil}} \tag{3-39}$$

式中　V_{ad}——干酪根吸附油相体积，$cm^3/g\ TOC$；

　　　ρ_{oil}——页岩油密度，g/cm^3。

$$V_{\text{ad}} = Q_{\text{ad}} / \rho_{\text{ad}} \tag{3-40}$$

式中　Q_{ad}——干酪根吸附油量，$mg/g\ TOC$；

　　　ρ_{ad}——干酪根吸附油相体积，$cm^3/g\ TOC$。

图 3-34（a）可知，高有机质薄片状页岩干酪根游离油量最大的为 TY1-6，有机孔游离油量约为 159mg/g TOC；H258-12 有机孔游离油量最小，约为 27mg/g TOC。图 3-34（b）可知，中有机质纹层状泥岩干酪根游离油量最大的为 CY8-9，有机孔游离油量约为 80mg/g TOC；H258-19 有机孔游离油量最小，约为 19mg/g TOC。

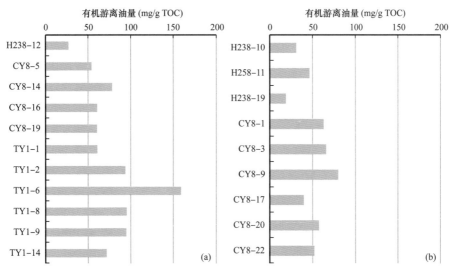

图 3-34　高有机质薄片状页岩（a）和中有机质纹层状泥岩（b）干酪根游离油量

4. 烃源岩中无机部分滞留液态烃的定量评价

前文建立了干酪根中溶胀、吸附、游离三种赋存状态页岩油的评价方法。尝试评价页岩无机矿物孔隙中的页岩油的赋存量如下。

1）无机孔隙中总滞留烃量评价

研究选择松辽盆地代表性泥页岩样品，粉碎后分成两份：一份进行氯仿抽提实验，得到泥页岩中的氯仿沥青"A"；另一份进行酸处理富集有机质，对有机质进行氯仿抽提实验，得到赋存于干酪根中的氯仿沥青"A"。用泥页岩中的氯仿沥青"A"数据减去干酪根中的氯仿沥青"A"数据，得到的就是无机部分页岩油量，具体流程如图3-35所示。

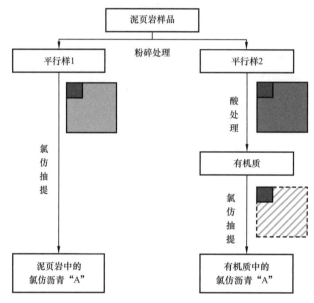

图3-35　页岩中无机部分页岩油实验测定与理论计算技术路线图

图3-36（a）可知，高有机质薄片状页岩无机赋存油量/有机赋存油量系数最大的为TY1-1，机赋存油量/有机赋存油量系数约为0.93；CY8-14的系数最小，约为0.26。

图3-36（b）可知，中有机质纹层状泥岩无机赋存油量/有机赋存油量系数最大的为H238-19井，机赋存油量/有机赋存油量系数约为2.2；CY8-3的系数最小，约为0.96。

2）无机矿物吸附油量及无机孔隙游离油量定量评价

页岩油在无机矿物孔隙中主要以吸附态和游离态存在，对于无机矿物吸附油量来说，与干酪根吸附油量评价类似，应等于无机矿物比表面积乘以无机矿物单位面积吸附油量；而无机孔隙游离油量应等于页岩中无机部分总滞留油量减去无机矿物吸附油量。为了得到无机矿物比表面积，首先开展核磁共振实验得到页岩全尺寸孔径分布，然后利用扫描电镜实验得到无机矿物孔隙/有机孔隙比例、无机矿物孔隙孔径分布及有机孔隙孔径分布，具体过程如下。

（1）无机矿物孔隙比表面积评价模型的建立。

1g泥页岩中无机矿物孔隙的比表面积SM：

$$SM = \sum_{i=1}^{n} SM_i \tag{3-41}$$

式中　n——泥页岩孔径分段统计个数，$n=50$；

　　　SM_i——第 i 段（$D_{i-1}\sim D_i$）孔径内无机矿物孔隙的表面积，m^2。

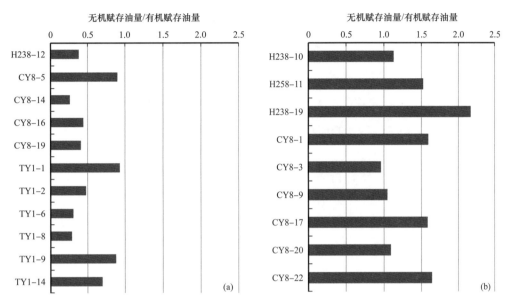

图 3-36　高有机质薄片状页岩（a）和中有机质纹层状泥岩（b）无机赋存油量 / 有机赋存油量系数

设第 n 段（$D_{n-1}\sim D_n$）孔径内无机矿物孔隙均由直径为 D_n 的球型孔隙组成，且无机矿物孔隙表面光滑，则 SM_n 可由式（3-42）计算而来：

$$SM_n = NM_{D_n} \cdot sM_{D_n}\qquad（3-42）$$

式中　NM_{D_n}——第 n 段（$D_{n-1}\sim D_n$）孔径内无机矿物孔隙个数；

　　　sM_{D_n}——单个直径为 D_n 的球形孔隙的表面积，m^2。

可由球的表面积计算公式所得：

$$sM_{D_n} = \pi D_n^2\qquad（3-43）$$

第 n 段（$D_{n-1}\sim D_n$）孔径内无机矿物孔隙个数，可由第 n 段（$D_{n-1}\sim D_n$）孔径内无机矿物孔隙体积除以单个直径为 D_n 的球形孔隙的体积计算而来：

$$NM_{D_n} = \frac{VM_n}{vM_{D_n}} = \frac{\left(V_{\text{shale}} \cdot \phi - TOC/100 \cdot V_\phi\right) \cdot P_n \cdot FM_n}{\dfrac{4}{3}\pi\left(\dfrac{D_n}{2}\right)^3}\qquad（3-44）$$

式中　V_{shale}——1g 页岩的体积，m^3；

　　　ϕ——页岩孔隙度；

　　　TOC——页岩中总有机碳含量，%；

　　　V_ϕ——单位质量有机碳中有机孔隙体积，$cm^3/g\ TOC$；

　　　P_n——第 n 段（$D_{n-1}\sim D_n$）孔径在核磁共振孔径分布上的比例；

　　　FM_n——无机矿物孔隙在第 n 段（$D_{n-1}\sim D_n$）孔径的比例。

无机孔隙在第 n 段（D_{n-1}～D_n）孔径的比例可由式（3-45）～式（3-47）计算而来：

$$FM_n = \frac{Pm_n}{Pk_n + Pm_n} \tag{3-45}$$

$$Pk_n = \int_0^{D_n} Pk_{SEM} dD - \int_0^{D_{n-1}} Pk_{SEM} dD \tag{3-46}$$

$$Pm_n = \int_0^{D_n} Pm_{SEM} dD - \int_0^{D_{n-1}} Pm_{SEM} dD \tag{3-47}$$

式中　Pk_{SEM}——由扫描电镜实验所得有机孔隙孔径分布；

　　　Pm_{SEM}——由扫描电镜实验所得无机孔隙孔径分布。

图 3-37（a）可知，高有机质薄片状页岩无机矿物比表面积最大为 TY1-9，约为 6.7m²/g TOC；最小为 H258-12，比表面积约为 1.0m²/g TOC。图 3-37（b）可知，中有机质纹层状泥岩无机矿物比表面积最大为 CY8-22，约为 8.4m²/g TOC；最小为 H258-10，比表面积约为 3.5m²/g TOC。

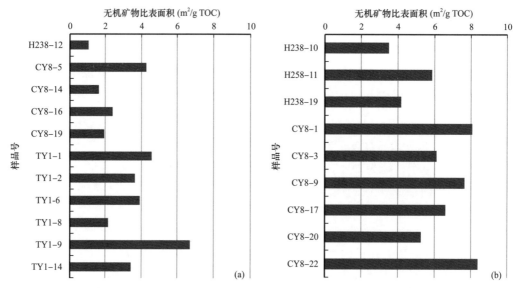

图 3-37　高有机质薄片状页岩（a）和中有机质纹层状泥岩（b）无机矿物比表面积图

（2）无机矿物吸附油量、无机孔隙游离油量及随成熟度的演化规律研究。

图 3-38（a）可知，高有机质薄片状页岩无机矿物吸附油最大的为 TY1-9，吸附油量约为 11.7mg/g TOC；最小的为 H258-12，吸附油量约为 2.2mg/g TOC。图 3-38（b）可知，中有机质纹层状泥岩无机矿物吸附油量最大的为 CY8-22，约为 15.2mg/g TOC；最小的为 H238-10，吸附油量约为 7.3mg/g TOC。图 3-38（c）可知，高有机质薄片状页岩无机孔游离油最大的为 TY1-9，约为 121.8mg/g TOC；最小的为 H258-12，游离油量约为 18.7mg/g TOC。图 3-38（d）可知，中有机质纹层状泥岩无机孔游离油最大的为 CY8-22，约为 151.8mg/g TOC；最小的为 H238-10，游离油量约为 62.9mg/g TOC。

5. 不同赋存状态页岩油定量评价结果

图 3-39（a）可知，在高有机质薄片状页岩不同赋存状态滞留油量定量评价图中，干酪根溶胀油、干酪根吸附油、有机孔游离油、无机吸附油最大的为 TY1-6，无机孔游离油最大的为 TY1-9，干酪根溶胀油量最小的为 TY1-14；干酪根吸附油、有机孔游离油、无机吸附油、无机孔游离油最小的为 H238-12。图 3-39（b）可知，中有机质纹层状泥岩不同赋存状态滞留油量定量评价图中，干酪根溶胀油、干酪根吸附油、无机吸附油最高的为 CY8-9，有机孔游离油最大的为 CY8-20，干酪根溶胀油、干酪根吸附油、有机孔游离油、无机吸附油最大的为 H238-19，无机孔游离油最小的为 H238-10。

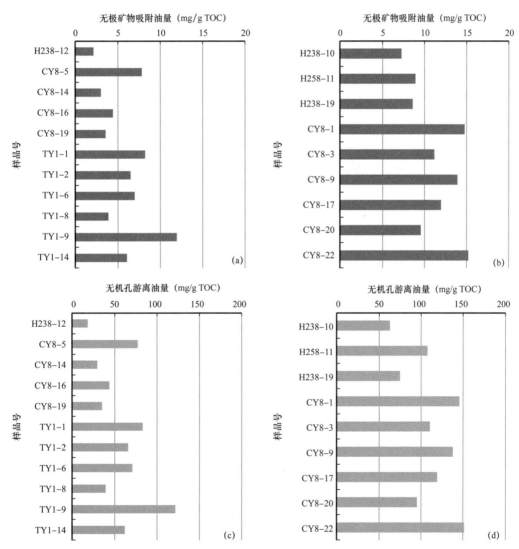

图 3-38　高有机质薄片状页岩（a、c）和中有机质纹层状泥岩（b、d）无机矿物吸附油量图和
无机孔游离油量图

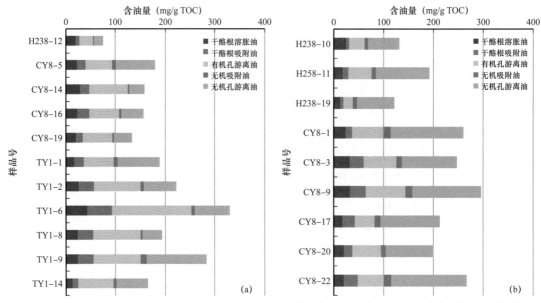

图 3-39　高有机质薄片状页岩（a）和中有机质纹层状泥岩（b）不同赋存状态滞留油量定量评价

第四节　页岩裂缝发育及分布特征

一、页岩裂缝特征

天然裂缝主要指由于构造变形或物理成岩作用所形成的宏观面状构造。对于储层中天然裂缝的命名与分类，按照不同的分类方法可以有不同的分类方案（表 3-2）。

表 3-2　储层裂缝的分类方案

分类依据	地质成因	力学性质	与层面关系	几何学形态	复合命名
裂缝类型	构造裂缝	剪切裂缝	穿层缝	直立缝	高角度构造剪切裂缝
				高角度裂缝	
	成岩裂缝	扩张裂缝	层内缝	中角度裂缝	中角度构造剪切裂缝
	超压裂缝	拉张裂缝	顺层缝	低角度裂缝	低角度构造剪切裂缝
				水平缝	
	滑脱裂缝	剪切裂缝	顺层缝	低角度裂缝	低角度构造剪切裂缝

对于页岩储层裂缝分类应采取地质成因与裂缝力学性质及形态特征相结合的方法，首先据其成因分为构造裂缝、成岩裂缝及超压裂缝，然后根据裂缝与层面的关系及发育规模，进一步将构造裂缝划分为层控裂缝、穿层裂缝及小断层。

通过对菜园子镇和哈玛尔村两个露头区的裂缝观察及松辽盆地南部青山口组 24 口井

589.73m岩心的观察描述，研究区页岩主要发育有3种类型裂缝，包括构造裂缝、超压裂缝、成岩裂缝，其中以构造裂缝为主（图3-40）。

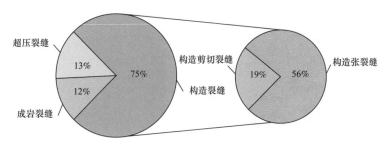

图3-40　松辽盆地南部天然裂缝类型及所占比例

1.构造裂缝

松辽盆地南部青山口组、嫩江组岩心发育大量构造裂缝，构造裂缝产状稳定，裂缝面平直光滑，常被方解石、石英等矿物充填。根据其力学性质，构造裂缝可进一步分为张性裂缝和剪切裂缝。其中张性裂缝，高度平均为30cm左右，最高可达225cm（图3-41）。剪切裂缝具有明显的擦痕甚至阶步特征（图3-42），滑脱裂缝是一种典型的剪切裂缝，规模一般较小且未充填（图3-43）。

(a) 大19井，2092.35m

(b) 大44井，2138.23m

图3-41　松辽盆地南部青山口组岩心构造张性裂缝

根据裂缝的规模以及它们与岩石力学层之间的关系，页岩岩石中构造裂缝又可以分为三种类型：被限制在单个地层内的层控裂缝、穿越多套地层的穿层裂缝和小断层。

（1）层控裂缝：层控裂缝是指在岩层内发育，终止于岩性界面或层面的裂缝，发育受岩石力学层控制（图3-44），它们相互平行，且与岩层面近垂直；近于等间距分布，在一定岩层厚度范围内，裂缝平均间距与裂缝地层平均厚度线性关系较好（图3-45）。

(a) 新320井，1737.19m

(b) 黑93井，2450.70m

(c) 英142井，1620.27m

图3-42　松辽盆地南部青山口组、嫩江组岩心构造剪切裂缝

(a) 英49井，2044.45m

(b) 黑89井，1939.26m

图3-43　松辽盆地南部青山口组岩心构造滑脱裂缝

图 3-44　菜园子镇剖面构造裂缝发育模式图

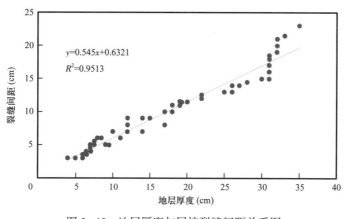

图 3-45　地层厚度与层控裂缝间距关系图

（2）穿层裂缝：穿层裂缝的几何形态可以是单条裂缝面（Becker 和 Gross，1996；Gross 和 Eyal，2007），也可以是由近平行排列的、密集分布的若干条裂缝组成的较窄的带（Gross 和 Eyal，2007）（图 3-44）。

（3）小断层：图 3-46 为哈玛尔村露头剖面上发育的小型正断层，断距 15cm，产状 166°∠82°。这条小断层发育有断层核和破碎带，其中断层核厚 3～10cm。这两条小断层的破碎带中发育大量裂缝，断层附近裂缝密集，随着距断层距离增加裂缝密度降低，断层上盘裂缝密度大于下盘（图 3-47）。

2. 成岩裂缝

成岩裂缝在研究区主要表现为层理缝，它们垂直于上覆压力方向，开启程度差，但往往控制了构造裂缝，尤其是张性裂缝的垂向延伸（图 3-48）。

图 3-46 哈玛尔村露头剖面小断层的分布图

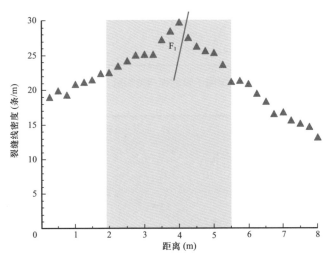

图 3-47 裂缝线密度与破碎带距断层距离间的关系图

(a) 大23井，1524.81m

(b) 新98井，1454.43m

(c) 英142井，1610.72m

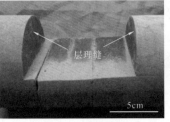

(d) 乾193井，1460.00m

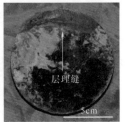

(e) 黑101井，2401.13m

图 3-48 松辽盆地南部青山口组、嫩江组岩心层理裂缝

3.超压裂缝

松辽盆地南部青山口组、嫩江组岩心超压裂缝表现为被方解石或石英充填的裂缝脉群，单条超压裂缝大多数呈宽而短的透镜状，少数呈薄板状。带条裂缝宽度为0.3～8mm，最大可达18mm，延伸长度一般为5～20cm（图3-49）。

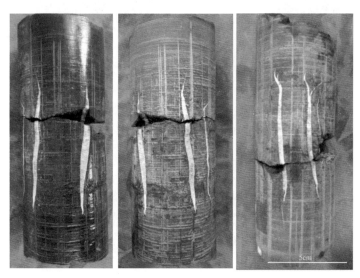

图3-49　松辽盆地南部岩心超压裂缝（方42井，1429.01m）

二、页岩裂缝定量表征

1.裂缝的组系和方位

松辽盆地南部青山口组、嫩江组野外露头统计数据，绘制了裂缝走向玫瑰花图，在菜园子镇野外露头识别出3组构造裂缝，走向分别为北西—南东向、北北东—南南西向、北东东—南西西向（图3-50），在哈玛尔村识别出3组构造裂缝，走向分别为北北西—南南东向、北西西—南东东向、北北东—南南西向（图3-51）。

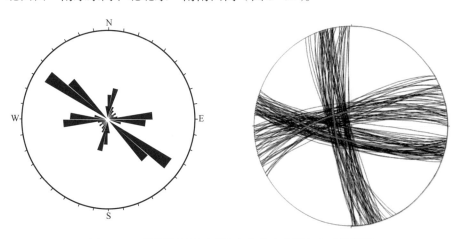

图3-50　菜园子镇剖面裂缝走向玫瑰花图和赤平投影图

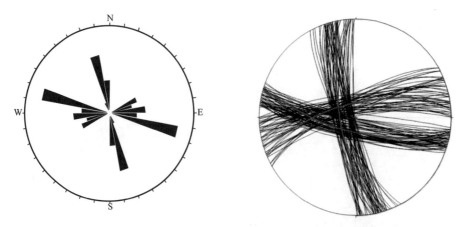

图 3-51　哈玛尔村剖面裂缝走向玫瑰花图和赤平投影图

2. 裂缝的倾角

据野外露头实测数据，松辽盆地南部剖面露头区裂缝以高角度构造裂缝为主，裂缝倾角大于 70° 者占 90% 以上（图 3-52a）。松辽盆地南部青山口组、嫩江组岩心裂缝以高角度裂缝为主，发育少量斜交缝和低角度裂缝（图 3-52b）。

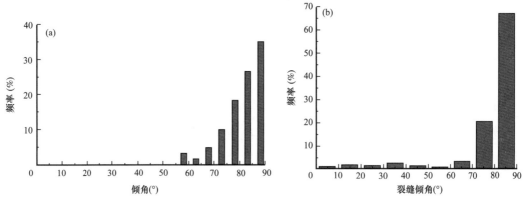

图 3-52　松辽盆地南部露头区裂缝倾角频率分布图（a）及其青山口组岩心裂缝倾角频率分布图（b）

3. 裂缝的发育强度

裂缝密度是定量表征裂缝发育程度的一项重要参数，包括裂缝的线密度、面密度和体密度等。在反映裂缝密度的三种表示方法中，裂缝的线密度比较充分地反映了裂缝的发育程度，是一个相对稳定的参数（图 3-53）。

4. 裂缝的高度

裂缝的高度是评价裂缝分布规模的重要参数。根据松辽盆地露头剖面统计，层控裂缝高度主要分布在 10～30cm，穿层裂缝高度主要分布在 20～100cm，层控裂缝和穿层裂缝总数量服从幂律分布（图 3-54），说明它们是在统一构造应力场下形成的，可以利用分形几何方法对不同尺度的裂缝进行定量预测。

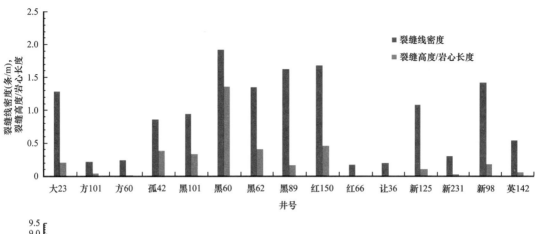

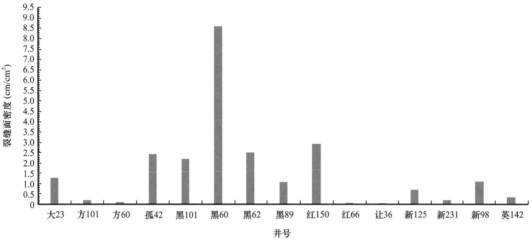

图 3-53　松辽盆地南部青山口组、嫩江组岩心构造裂缝发育强度

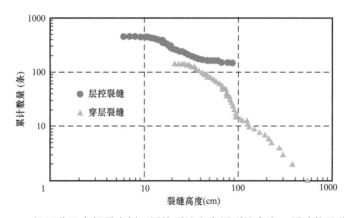

图 3-54　松辽盆地南部露头剖面层控裂缝和穿层裂缝高度—累计数量分布图

5. 裂缝的开度

根据岩心裂缝开度测量，未充填裂缝开度主要分布在 145～220μm，平均为 186.5μm，恢复至围岩条件下的校正裂缝开度主要分布在 70～90μm，平均为 87.4μm（图 3-55）；充填裂缝开度较大，主要分布在 2.5～5.5mm，平均为 4.27mm（图 3-56）。

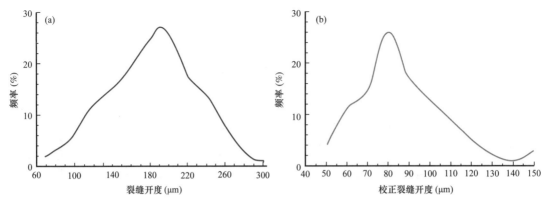

图 3-55　松辽盆地南部岩心裂缝开度（a）和校正裂缝开度（b）频率分布图

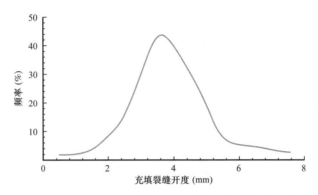

图 3-56　松辽盆地南部岩心充填裂缝开度频率分布图

6. 裂缝的物性

根据蒙特卡罗逼近法对岩心裂缝物性进行计算，裂缝孔隙度一般小于 0.35%，最大为 0.68%；渗透率主要分布在 15～75mD 范围内，说明裂缝是重要储集空间和主要渗流通道（图 3-57）。

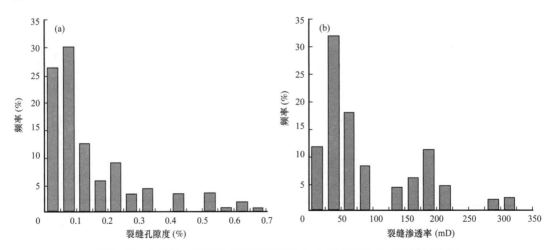

图 3-57　古龙青山口组岩心裂缝孔隙度（a）和渗透率（b）频率分布图

7. 裂缝的有效性及含油性

根据裂缝中矿物的充填程度，一般可分为全充填、半充填和未充填3种类型，其中半充填和未充填裂缝可以成为油气的储集空间和渗流通道，为有效裂缝。根据岩心裂缝充填程度统计，松南青山口组、嫩江组岩心裂缝充填程度较弱，12%裂缝被全充填，28%被半充填，未被充填者占59%。充填矿物主要包括方解石、石英和沥青，半充填裂缝的充填矿物支撑裂缝呈开启状态，为油气重要的储集空间和渗流通道。根据岩心观察，大量构造裂缝中含油（图3-58），裂缝含油性非常好。

(a) 乾193井，1460.00m   (b) 新98井，1454.43m

图3-58　松南青山口组、嫩江组构造裂缝含油显示

三、页岩裂缝发育主控因素

1. 页岩裂缝与有机碳含量的关系

据统计分析可以将总有机碳含量（TOC）与裂缝发育程度的关系划分为四类（表3-3）。根据收集到的松辽盆地南部青山口组、嫩江组页岩总有机碳含量及对应层段的裂缝密度等资料，做出了它们之间的关系图（图3-59），可以看出页岩裂缝发育程度受多种因素的控制，而总有机碳含量仅是因素之一。

表3-3　页岩有机碳含量与裂缝发育程度统计表（据 Curtis 等，2002）

总有机碳含量（%）	总含气量（m³/t）	游离气含量（%）	裂缝发育程度
<2.0	2.2	5～8	差
2.0～4.5	2.8	7～10	中等
4.5～7.0	5.7	8～12	好
>7.0	10.1	10～15	很好

2. 页岩裂缝与矿物成分及含量的关系

据Gale等（1987）的发现，在相同应力条件下，石英、方解石、白云石、长石等矿物含量高的页岩脆性强，天然裂缝系统发育；而含黏土矿物等塑性强的页岩中，不利于天然裂缝的发育；碳酸盐矿物含量高的页岩中裂缝往往被全充填，而以石英、长石为主的页岩中裂缝充填程度较弱。分析松辽盆地南部野外露头区页岩不同矿物含量与裂缝线密度关系（图 3-60），结果与 Gale 等的发现大致相同。

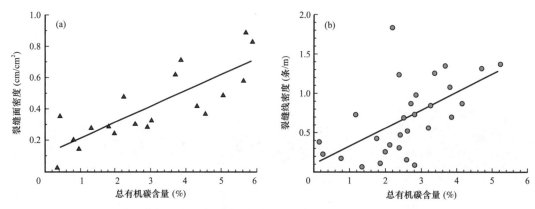

图 3-59　松辽盆地南部页岩总有机碳含量与裂缝面密度（a）和裂缝线密度（b）关系图

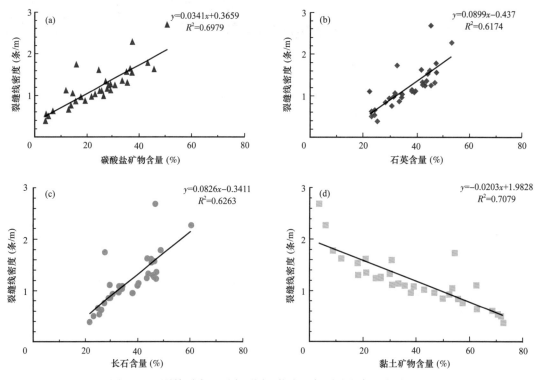

图 3-60　野外露头区页岩不同矿物含量与裂缝发育程度关系图

3. 页岩裂缝与岩石力学性质的关系

对松辽盆地南部不同岩性样品进行岩石力学参数测试，结果表明裂缝发育程度与岩石抗压强度、泊松比等岩石力学参数成反比镜像关系（图 3-61），与岩石的杨氏模量、体积模量等弹性模量参数成正比（图 3-62）。

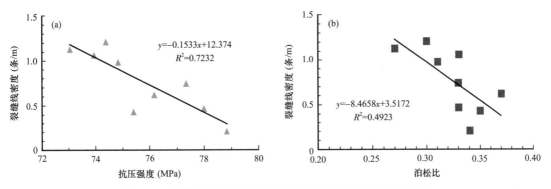

图 3-61　裂缝线密度与抗压强度（a）和泊松比（b）关系图

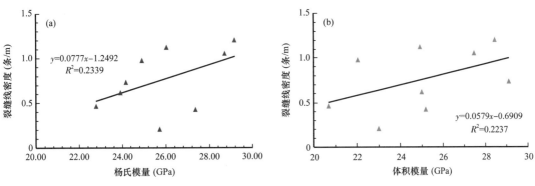

图 3-62　裂缝线密度与杨氏模量（a）和体积模量（b）关系图

4. 页岩裂缝与岩石力学层厚度的关系

裂缝的形成及其分布受岩石力学层的控制。根据松辽盆地南部两条野外露头剖面的裂缝间距统计，研究区页岩储层裂缝的间距常服从正态函数分布（图 3-63、图 3-64）。

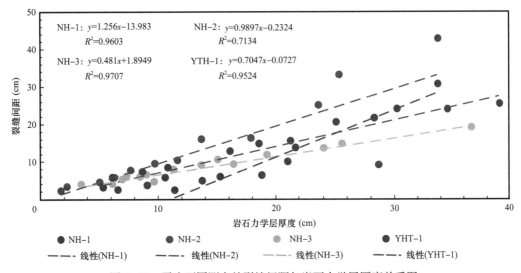

图 3-63　露头不同测点处裂缝间距与岩石力学层厚度关系图

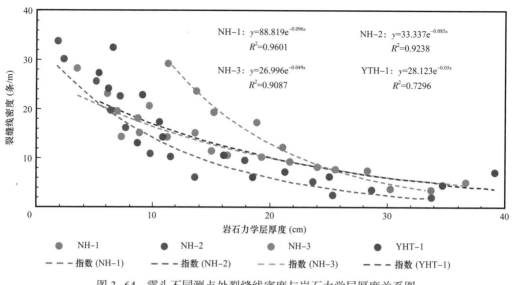

图 3-64 露头不同测点处裂缝线密度与岩石力学层厚度关系图

5. 页岩裂缝与岩石脆塑性的关系

对岩石这种非均质性材料而言，脆性特征体现着岩石本身的综合力学特性，同时，又是岩石本身矿物成分、矿物含量，胶结方式、胶结程度等一系列岩石学参数的体现。为定量表征岩石的脆性程度，国内外多名学者从不同角度定义了岩石的脆性指数，并给出了相关测试及评价方法（表3-4）。依据松辽盆地南部剖面野外样品及岩心测试数据，统计分析了青山口组页岩矿物含量分布特征，对计算出的岩石脆性指数与岩心上对应层段统计出的构造裂缝密度进行了交会分析，定量表征了岩石脆性指数与裂缝发育程度的关系（图3-65）。

表 3-4　脆性指数定义及测试方法汇总表（据李庆辉等，2012）

公式	公式含义或变量说明	测试方法
$B_1=(H_m-H)/K$	宏观硬度 H 和微观硬度 H_m 差异	硬度测试
$B_2=q\sigma_c$	q 为小于 0.60mm 碎屑百分比，σ_c 为抗压强度	普氏冲击试验
$B_3=(\tau_p-\tau_r)/\tau_p$	峰值强度 τ_p 与残余强度 τ_r 的函数式	应力—应变测试
$B_4=\varepsilon_r/\varepsilon_t$	可恢复应变 ε_r 与总应变 ε_t 之比	应力—应变测试
$B_5=W_r/W_t$	可恢复应变能 W_r 与总能量 W_t 之比	应力—应变测试
$B_6=\sigma_c/\sigma_t$	抗压强度 σ_c 与抗拉强度 σ_t 之比	强度比值
$B_7=(\sigma_c-\sigma_t)/(\sigma_c+\sigma_t)$	关于抗压强度 σ_c 和抗拉强度 σ_t 的函数式	强度比值
$B_8=\sin\varphi$	φ 为内摩擦角	莫尔圆
$B_9=45°+\varphi/2$	破裂角关于内摩擦角 φ 的函数	应力—应变测试
$B_{10}=H/K_{IC}$	硬度 H 与断裂韧性 K_{IC} 之比	硬度和韧性测试

公式	公式含义或变量说明	测试方法
$B_{11}=\varepsilon_{11}\times100\%$	ε_{11} 为试样破坏时不可恢复轴应变	应力—应变测试
$B_{12}=HE/K_{IC}^2$	E 为弹性模量	陶制材料的测试
$B_{13}=S_{20}$	S_{20} 为小于 11.2mm 碎屑百分比	冲击试验
$B_{14}=(\varepsilon_p-\varepsilon_r)/\varepsilon_p$	关于峰值应变 ε_p 与残余应变 ε_r 函数	应力—应变测试
$B_{15}=(\sigma_c\sigma_t)/2$	关于抗压强度 σ_c 与抗拉强度 σ_t 函数	应力—应变测试
$B_{16}=(\sqrt{\sigma_c\sigma_t}/2)$	关于抗压强度 σ_c 与抗拉强度 σ_t 函数	应力—应变测试
$B_{17}=P_{inc}/P_{dec}$	荷载增量 P_{inc} 与荷载减量 P_{dec} 的比值	贯入试验
$B_{18}=F_{max}/P$	荷载 F_{max} 与贯入深度 P 之比	贯入试验
$B_{19}=(\overline{E}+\overline{v})/2\times100\%$	弹性模量 E 与泊松比 v 归一化后的平均值 $\overline{v}$	应力—应变测试
$B_{20}=(W_{qtz}+W_{carb})/W_{total}$	脆性矿物（石英、碳酸盐）含量 $W_{qtz}+W_{carb}$ 与矿物量 W_{total} 之比	矿物组成分析

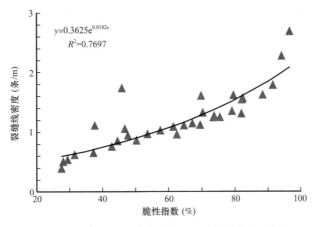

图 3-65　青山口组裂缝线密度与脆性指数交会图

6. 页岩裂缝与异常高压的关系

受欠压实、生烃作用以及黏土矿物转化脱水等的影响，松南地区青山口组形成了异常高的孔隙流体压力。异常高压流体的存在使应力莫尔圆向左移动，其最小主应力容易变成负值，使岩石容易发生拉张破裂，形成超压裂缝，并常被方解石、沥青等充填形成拉张裂缝脉群。当差应力较大时，地层中异常流体压力的存在引起岩石内部的有效正应力下降，导致岩石剪破裂强度下降，容易产生剪切裂缝（图 3-66）。异常高压内裂缝的开启与闭合是一个多次循环往复的过程，在这个过程中，先期形成的较小裂缝不断被后期的破裂作用扩展，从而形成一些较大的纵向拉张裂缝以及大量的微裂缝，同时也可以形成一些剪切缝。

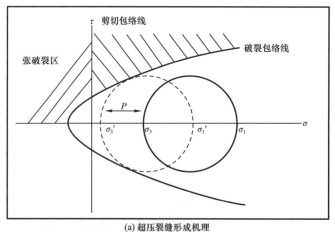

(a) 超压裂缝形成机理

(b) 新380井，1656.37m (c) 查34-7井，2328.36m

图3-66 超压裂缝形成机理和松南地区青山口组超压裂缝

四、页岩裂缝分布规律定量预测

1. 基于断层分布的分形几何预测方法

利用分形几何学的方法来预测亚地震断层数量分布是目前较为成熟，也是最为流行的一种方法。通过对研究区断层长度的统计，在双对数坐标系中绘制了断层/裂缝长度和密度累计分布图（图3-67）。从图中可知，在处于中间的数据点（断层长度介于

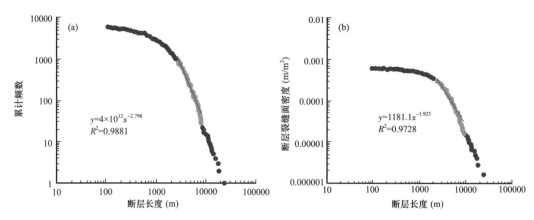

图3-67 青山口组断层长度（a）和密度（b）累计数量分布

2000～8000m）呈很好的线性关系，而断层长度在小于2000m和大于8000m的部分则偏离了直线，这是由于受截断效应、地震资料质量、没有足够的断层被取样、小断层过度关联、不完整的地震解释等因素影响的，通过拟合直线段断层/裂缝累计数量与长度关系以及断层长度/断层累计面密度的关系就可对任意尺度的断层/裂缝密度进行计算（表3-5、表3-6）。

表3-5 青山口组不同尺度断层/裂缝数量及密度预测表

断层长度（m）	断层数量（条）	断层面密度（m/m²）
1500	5192	0.0009
1000	16145	0.002
500	112290	0.007
100	10140514	0.168
50	70524809	0.638
10	6368834908	14.102

表3-6 嫩江组不同尺度断层/裂缝数量及密度预测表

断层长度（m）	断层数量（条）	断层面密度（m/m²）
1000	7945	0.002
500	57645	0.011
100	5742767	0.493
50	41664484	2.587
10	4150699137	123.531
5	30113831245	654.266

由于断裂和裂缝在成因上具有一致性，且都具有分形意义上的自相似性，因此只要能找到二者之间的某种内在定量关系，就可以利用断裂的分布对裂缝的分布情况进行预测。分别统计井段上裂缝的密度和取心井所在的子区域上断裂信息位，并对统计的数据进行拟合后发现，二者具有较好的正相关性，因此对研究区裂缝分布进行了预测（图3-68）。

2. 松辽盆地南部页岩裂缝综合评价

通过对松辽盆地南部页岩储层裂缝成因类型及分布特征分析、裂缝参数的定量表征、裂缝形成机理与控制因素分析，利用有限元数值模拟技术的裂缝分布规律预测以及前人的研究成果，以岩心裂缝线密度等参数为主要依据，结合基于断层分布的分形几何预测方法，对松辽盆地南部青山口组储层裂缝分布规律进行综合预测（图 3-69a），通过对预测裂缝结果和取心井获得的裂缝单井密度进行对比分析，二者具有较好的正相关性，说明该方法的裂缝预测结果是可信的。在此基础上对裂缝分布进行综合评价（图 3-69b），将储层裂缝划分为 3 级裂缝发育单元。其中，Ⅰ级为裂缝发育区，裂缝密度大于 1.5m/m^2；Ⅱ级为裂缝较发育区，裂缝密度分布在 0.5～1.3m/m^2；Ⅲ为裂缝较不发育区，裂缝密度主要分布在 0.2～0.4m/m^2。

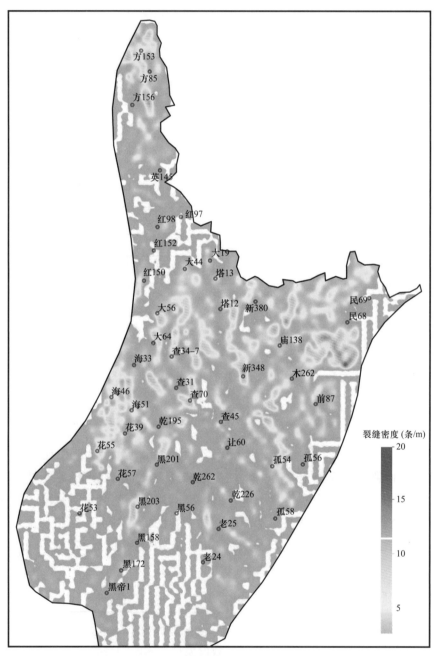

图 3-68　松南地区青山口组裂缝分布预测图（据断层分布和分形理论）

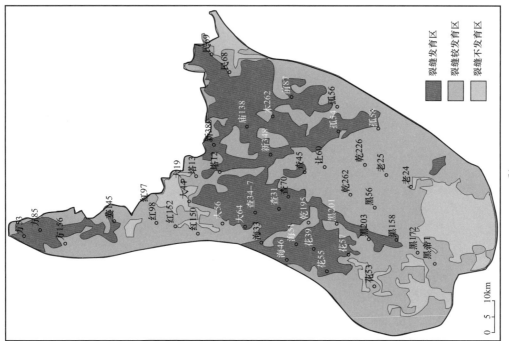

(b)

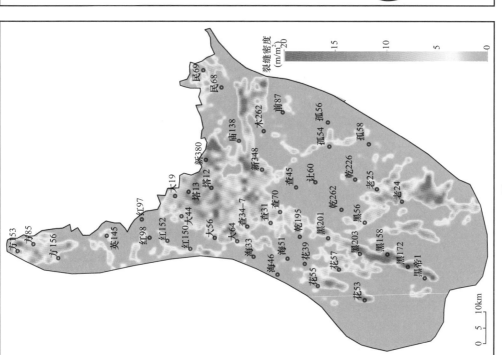

(a)

图 3-69　松江盆地南部青山口组裂缝密度综合预测分布图（a）和裂缝综合评价图（b）

第五节　页岩油富集的动力学特征

一、地层压力计算方法

所谓平衡深度即在正常压实曲线上与欠压实地层孔隙度相等的深度（图3-70），根据有效应力定律，孔隙度相同处的有效应力相等，因此，欠压实泥岩的孔隙压力可以表示为

$$p_z = p_e + (S_z - S_e) = \rho_r gZ - (\rho_r - \rho_w) gZ_e \qquad (3-48)$$

如果用声波时差的变化表示正常压实泥岩的压实规律，则有：

$$p_z = \rho_r gZ + \frac{(\rho_r - \rho_w)g}{C} \ln \frac{\Delta t}{\Delta t_0} \qquad (3-49)$$

式中　Z——欠压实泥岩的埋藏深度，m；

Z_e——欠压实泥岩对应的平衡深度，m；

p_z——欠压实泥岩的孔隙压力或地层压力，Pa；

p_e——平衡深度处的静水压力，Pa；

S_z——深度 z 处的地静压力，Pa；

S_e——平衡深度处的地静压力，Pa；

g——重力加速度，m/s^2；

ρ_r——沉积岩平均密度，kg/m^3；

ρ_w——地层孔隙水密度，kg/m^3；

Δt——欠压实泥岩的声波时差值，μs/m；

Δt_0——原始地表声波时差值，μs/m；

C——正常压实泥岩的压实系数，m^{-1}。

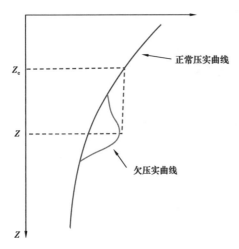

图3-70　平衡深度法原理示意图

根据平衡深度法的基本原理，计算单井地层压力首先要根据泥岩正常压实曲线计算两个参数：地表声波时差值 Δt_0 与泥岩压实校正系数 C。

以新320井为例说明利用声波时差资料计算地层压力的过程。该井泥岩深度在800m以浅属于正常压实段，因此可以使用800m以浅地层泥岩的声波时差曲线来拟合求取地表泥岩声波时差值 Δt_0 与泥岩压实校正系数 C，在正常压实曲线上应有：

$$\Delta t = \Delta t_0 e^{-Cz} \qquad (3-50)$$

根据式（3-50）拟合得到正常压实段深度与声波时差，于是求得新320井 Δt_0 为425.71μs/m，C 为 −0.0002。

$$\Delta t_0 = 425.71 e^{-0.0002z} \tag{3-51}$$

将求得的新 320 井泥岩正常压实趋势线叠加到该井的声波时差图上可看出，该井 800m 以浅声波时差与正常泥岩压实趋势线重合，说明这部分地层属正常压实。而 800m 和 1600m 以深的声波时差就明显地偏离了正常压实趋势线（图 3-71），表明地层孔隙度超过了正常压实的孔隙度，属欠压实层段。

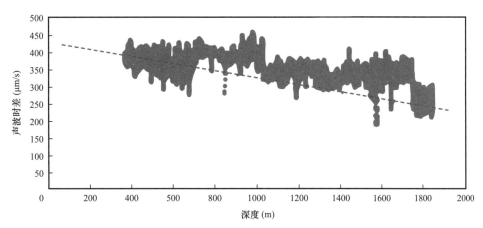

图 3-71　新 320 井声波时差与正常压实趋势线关系图

求出 Δt 和 C 后，可用式（3-52）算出 p_z；

$$p_z = \rho_r g Z + \frac{(\rho_r - \rho_w)g}{C} \ln \frac{\Delta t}{\Delta t_0} \tag{3-52}$$

最后，根据压力系数 $=p_z \times 100/$ 深度，可以得到该超压处的压力系数。由此算出新 320 井在青一段其压力系数峰值为 1.5，深度为 1730m。同理，可应用此方法算出其他各井目的层段的压力系数。

二、计算地层压力的有机质含量校正

干酪根的密度值偏小，一般为 $1.1 \sim 1.4 \mathrm{g/cm^3}$；声波时差值偏大，一般为 $560 \sim 700 \mu s/m$，由于页岩埋深不同，干酪根的测井响应值的变化范围较大，但是总体来说，干酪根的密度值偏小，声波时差值偏大。如果干酪根含量较大的话，就会引起泥岩段测井曲线变化大，同时声波时差值增大也是地层异常压力的表现（图 3-72）。因此，异常地层压力计算时需要考虑干酪根含量的影响。干酪根含量 V_{ke} 对于 AC 值的校正量：

$$\mathrm{AC_{ke校正}} = (1 - \mathrm{Por}) \times V_{ke}(\mathrm{AC_{ke}} - \mathrm{AC_{ma}}) \tag{3-53}$$

$$\mathrm{AC_{校正}} = \mathrm{AC} - \mathrm{AC_{ke校正}} \tag{3-54}$$

式中　Por——泥岩孔隙度，%；

V_{ke}——干酪根含量，%；

AC、$\mathrm{AC_{ke校正}}$、$\mathrm{AC_{ke}}$、$\mathrm{AC_{ma}}$、$\mathrm{AC_{校正}}$——实测声波时差值、干酪根校正后声波时差值、干酪根的声波时差值、骨架的声波时差值、校正后声波时差值，$\mu s/ft$；

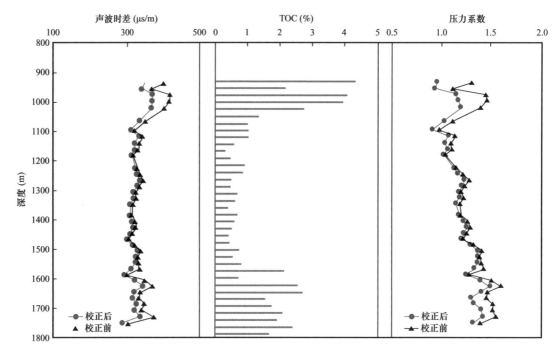

图 3-72　新 320 井干酪根含量校正后地层压力曲线与未校正对比图

干酪根含量校正后的声波时差值降低还是非常明显的，例如，干酪根含量为 10%，测量的纵波声波时差值为 130μs/ft，校正后应该为 118.07μs/ft（表 3-7）。

表 3-7　干酪根含量校正后声波时差值一览表

V_{ke}（%）	测量 AC（μs/ft）						
	130.00	120.00	110.00	100.00	90.00	80.00	70.00
1	128.81	118.81	108.81	98.81	88.81	78.81	68.81
5	124.04	114.04	104.04	94.04	84.04	74.04	64.04
10	118.07	108.07	98.07	88.07	78.07	68.07	58.07
15	112.11	102.11	92.11	82.11	72.11	62.11	52.11
20	106.15	96.15	86.15	76.15	66.15	56.15	46.15
25	100.18	90.18	80.18	70.18	60.18	50.18	40.18
30	94.22	84.22	74.22	64.22	54.22	44.22	34.22

三、地层压力分布特征

预测结果表明，青一段压力系数普遍在 1.0～1.4 之间（图 3-73），青山口组一段超压主要位于新北地区，与高有机质丰度的页岩生烃增压有关。压力系数普遍介于 1.2～1.4，是页岩油勘探的潜在重点区域。

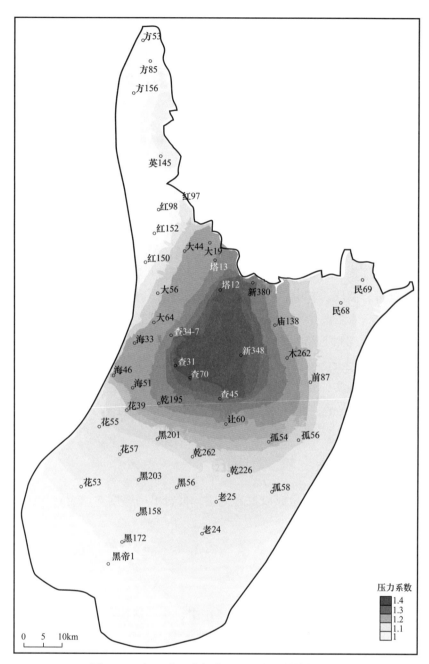

图 3-73　松辽盆地南部青一段压力系数等值线图

第四章　页岩油富集模式与资源潜力

第一节　页岩油富集模式

一、夹层型页岩油

夹层型页岩油是指砂地比小于30%，单砂层厚度小于5m，主要分布在南物源三角洲外前缘，面积达1300km²。通过岩心精细描述以及系统分析化验，建立了松辽盆地南部青一段页岩油"铁柱子"井（图4-1）。通过系统复查老井527口，确定松辽盆地南部坳陷区稳定发育5套页岩储层。其中，青一段中下部发育3套页岩储层，青一段顶—青二段底发育1套页岩储层，青二段中下部发育1套页岩储层。同时，南部大情字井地区发育3套薄层砂岩，青一段中部和下部各发育1套薄层砂岩，青二段中下部发育1套薄层砂岩。砂体自西南向北东减薄尖灭。砂层油气富集程度与构造背景、砂岩发育程度和页岩品质密切相关。目前试油结果证实，青一段中部砂层S2为主力目的层，含油饱和度为50%～60%，生产气油比27～105m³/m³。油气富集主要集中在砂岩物性和页岩生烃品质较好的叠合区。

二、页岩型页岩油

页岩型页岩油目的层岩性组成以页岩为主，页岩单层厚度6～25m，主要分布在查干花—扶新地区，面积达3700km²。

1.页理型页岩油富集模式

1）薄片状页理形成机理

青山口组沉积时期发生了大规模的湖侵作用，松辽盆地南部的沉积中心位于长岭凹陷，长期稳定的深湖沉积，使得青山口组沉积速率慢，水平层理发育，有机质丰度高。页岩在深湖环境下不断沉积压实，形成了相对封闭的流体环境，有机质和黏土矿物等韧性物质定向排列成层。有机质处于成熟阶段，产生的大量烃类流体排出受阻在长岭凹陷青一段形成异常超压，地层压力一般为25～32MPa。嫩江组沉积期—明水期末盆地发生构造反转，扶新隆起带部分区域被抬升，通过R_o与埋藏深度的关系恢复抬升量最大可达600m。构造抬升导致的物理变化主要体现在泥页岩变形方式的改变和构造裂缝的产生。抬升导致偏韧性的岩石转化为脆性，有效应力逐渐减小，泥岩处于超固结状态，从而产生破裂。由于先存水平层理的发育，顺层排列的有机质和其他碎屑矿物的尖端效应促使裂缝横向扩展，形成大量的层理缝（图4-2）。根据1号和3号的测井和实测数据，计算青一段页岩

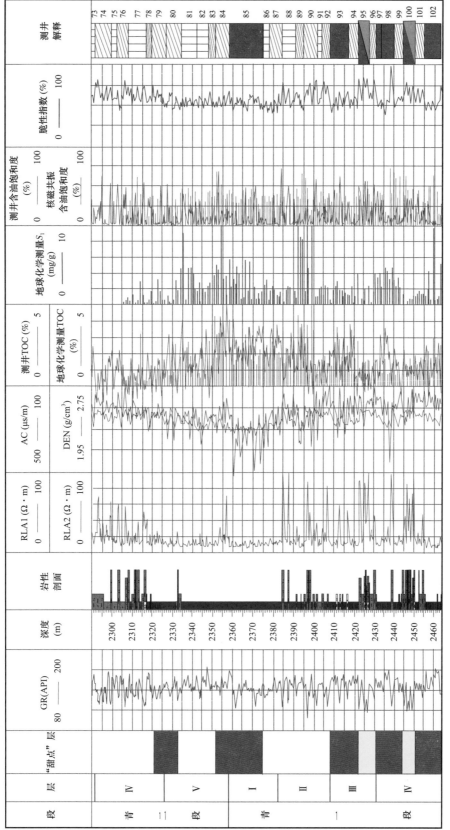

图 4-1 大情字井外前缘薄砂薄岩夹层型页岩油典型井综合柱状图（紫色区域为页岩"甜点"层，黄色为砂岩"甜点"层）

所处的地质应力条件，两口井由于青一段发育的异常压力和构造抬升，目前流体压力已达页岩破裂的临界压力。依据原油在地层条件下的压缩系数和现今残余超压值计算，由于水力破裂形成的层理缝可使页岩储集空间体积扩容 1.0～1.2 倍，折合增加孔隙度 2%～3%。

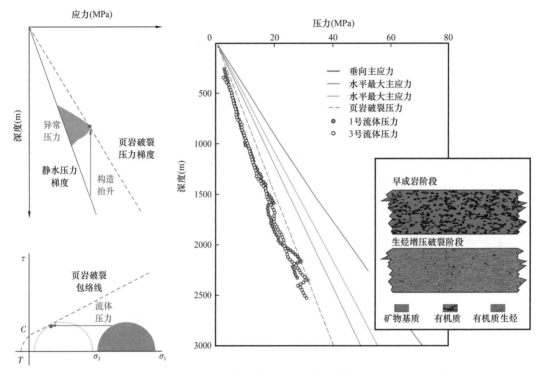

图 4-2　松辽盆地南部构造反转区青一段页岩应力条件及层理缝形成示意图

2）薄片状页岩相和块状泥岩相地球化学及含油性差异

薄片状页岩相的 TOC 为 2%～6%，TOC 大于 2.0% 占比达 73%，以高有机质含量为特征；块状泥岩相 TOC 为 1%～4%，TOC 大于 2.0% 仅占 12%，以中等有机质含量为特征。页岩相在荧光薄片下表现为较强的淡蓝色荧光，且显示主要见于页理面上，通过二维核磁共振试验测得的含油饱和度可达 40%～80%，平均含油饱和度 54%，含油量可达 5μL/g 以上；泥岩相在荧光薄片下几乎无荧光显示，局部见微弱的暗黄色荧光，含油饱和度一般小于 20%，含油量一般小于 2μL/g。由此可见，在陆源碎屑纹层欠发育的前提下，薄片状页岩相是页岩油富集的有利岩相。

3）页理型页岩油富集模式

与常规油气相比，页岩油气具有"源储一体"且"连续成藏"特征。乾安—大安纯页岩型页岩油有利岩相为高有机质薄片状页岩相，页岩油富集模式为：青一段烃源岩大量生排烃时期为嫩江组—明水组沉积末期，此时是受南东向挤压的构造反转时期，构造反转导致部分 T2 断层复活，造成青一段页岩压力系数增加促进层理缝形成，同时由于应力释放产生构造裂缝。因此，"页理型"页岩油富集依然需要岩性致密、突破压力高的中有机质块状泥岩相作为具有封盖作用的顶底板。

勘探实践同样表明，深湖区页岩油富集与页理缝密切相关，表现在以下两方面：一是早在 1999 年以前，有 6 口井在青山口组一段的泥页岩中获工业油流［英 29 井（6.55t/d）、哈 6 井（3.93t/d）、英 12 井（3.83t/d）、哈 18 井（3.70t/d）、古 1 井（2.39t/d）、英 18 井（1.70t/d）］，因在泥岩中见显示且有自然产能被认为是裂缝性油气藏。目前页岩油取心均显示裂缝和层理缝内普遍含油。二是青一段底部（T2 反射界面）发育大量的南北向小断层且具有"V"形密集成带的特征，老井试油结果表明，位于断裂密集带内部纯页岩型页岩油井具有比较高的产能，如查 34-6 井试油自喷 10.04m³/d，查 93 井试油压裂 11.7m³/d，而钻井位于断裂密集带之外，产能较低，如查 47-6 井为 2m³/d 左右。这些勘探结果说明，断裂活动伴生大量构造裂缝改造页岩，同时深湖泥岩在晚期构造抬升作用下促成页理缝形成，形成有利的储集空间，有利于页岩油富集。然而，从松辽盆地南部页岩油与常规油气平面分布的"互补"规律来看，当断裂伴生裂缝密度较大时，反转期活动的断裂成为油气垂向运移的通道，又不利于页岩油富集。因此，具有超低渗透块状泥岩相作为顶底板封隔层、保存条件好、压力系数高、高有机质薄片状页岩相发育的特定相序位置和区带是该类页岩油富集的条件。

2. 纹层型页岩油富集模式

中有机质纹层状页岩虽然有机质丰度较高有机质薄片状页岩相低，但由于砂质纹层发育，水平渗透率较高，有机质含量中等，具有较好的生烃潜力，整体储集物性好于薄片状页岩相和块状泥岩相，具有微米级—毫米级尺度源储薄互层组合的特征。

1）纹层状页岩相形成环境

砂质纹层型页岩常发育于三角洲前缘沉积环境。青山口组沉积是盆地整体下沉，湖盆的首次扩张和其后收缩条件下的沉积，伴随着湖平面波动升降，三角洲外前缘由于周期性的深湖变迁和频繁的底流活动，常发育波痕交错层理和平行层理，使泥质纹层和砂质纹层交替沉积。

2）纹层状页岩矿物组成与储集物性特征

通过 QEMSCAN 对纹层状页岩的原位矿物分析结果表明，该岩相矿物总体以石英（井32.86%）、伊利石（井27.52%）为主，次为钠长石（井18.93%），钾长石（井3.41%），方解石（井2.61%）（图4-3）。其中砂质纹层中，石英井34.47%，伊利石井22.87%，钠长石井20.83%，钾长石井3.43%，方解石井2.38%，相对于全岩长英质含量有所提升；泥质纹层则以伊利石（井39.46%）为主，次为石英（井25.31%），钠长石（井17.03%），钾长石（井2.42%），黄铁矿（井2.27%）。扫描分辨率为 2.5μm 时，通过 CT 扫描对两种不同类型的孔隙结构分析表明，砂质纹层计算孔隙度为 4.247%，平均孔半径为 3.801μm，孔隙数量为 30090 个，孔隙总体积为 $17.91 \times 10^6 \mu m^3$，喉道平均长度为 29.54μm，连通体积百分比为 8.882%；泥质纹层计算孔隙度为 2.114%，平均孔半径为 3.496μm，孔隙数量为 25066 个，孔隙总体积为 $8.92 \times 10^6 \mu m^3$，喉道平均长度为 30.16μm，连通体积百分比为 5.829%。

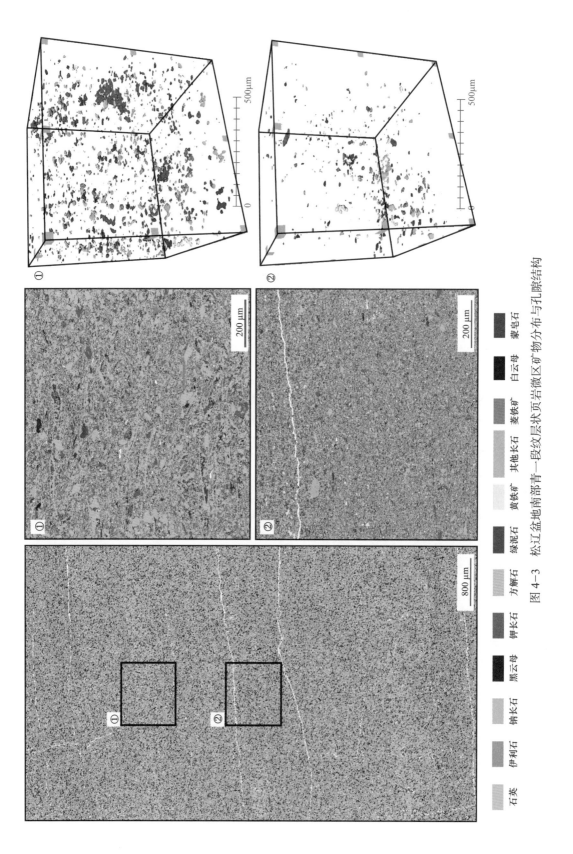

图 4-3　松辽盆地南部青一段纹层状页岩岩微区矿物分布与孔隙结构

石英　伊利石　钠长石　黑云母　钾长石　方解石　绿泥石　黄铁矿　其他长石　菱铁矿　白云母　蒙皂石

总体来看，砂质纹层为长英质，石英长石含量大于 60%，粒径 1～60μm，以微米孔隙为主，孔喉半径 1～3μm，平均占 40%（28.4%～63.3%）；泥质纹层为黏土质，石英长石含量小于 45%，石英长石粒径小于 5μm，以纳米孔隙为主，孔喉半径 100～300nm，平均占 60%（36.7%～71.6%）。

3）纹层型页岩油富集模式

激光共聚焦含油性可视化分析表明（图 4-4），细粒碎屑矿物颗粒的粒间孔连片分布且具有较好连通性，纹层状页岩中的轻质组分主要赋存于由细粒的长石和石英形成的纹层中，含油率 12.64%，轻质组分的三维扫描反映赋存的孔隙孔径分布具有双峰特征，前峰位于 5～8μm，后峰位于 40～50μm。说明青一段埋深进入生油窗后，泥质纹层中的有机质大量转化成烃，微距运移至与其紧密叠覆、孔渗性更好的砂质纹层，具有原地滞留微运移富集的特征。泥质纹层含油率仅为 4.3%，孔径分布具有前单峰（2～5μm）的特征。此外，相较于泥质纹层，砂质纹层中页岩油的轻质组分与重质组分比高达 2.65，具有更强的流动性。

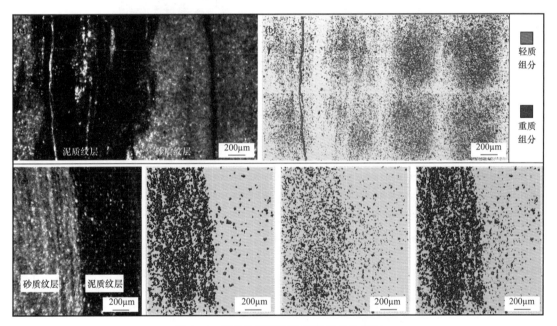

图 4-4　激光共聚焦原油轻重组分分布图

针对大情字井三角洲外前缘纹层型页岩油，部署实施 3 口直井分层缝网压裂，均获得工业油流，其中 2 口井获高产油流，日产分别为 20.04m³ 和 10.4m³，目前已稳定试采 200 余天，展现了效益开发的潜力。建产区平面分布紧邻青一段致密砂岩油，具有致密油—纹层型页岩油连片分布的特征。按照沉积环境控制下的页岩岩相充填序列，不同类型的非常规油以及页岩油的不同富集模式具有连续成藏的特征（图 4-5）。

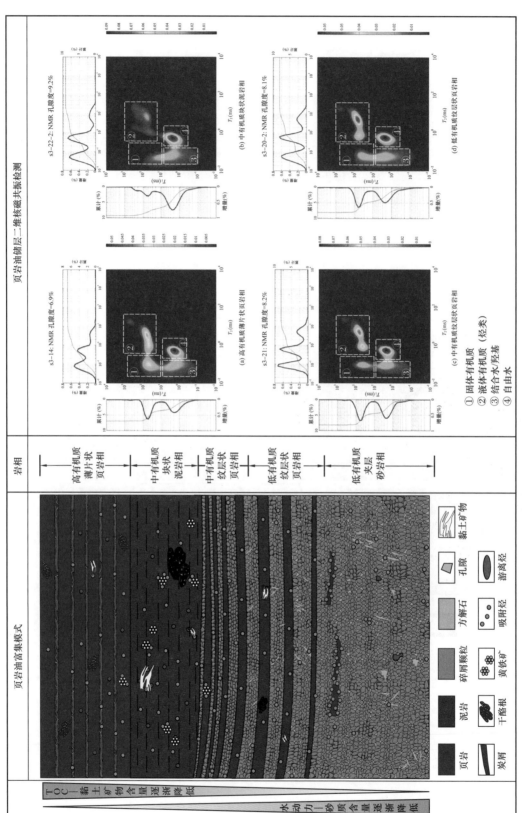

图 4-5　松辽盆地南部青一段淡水湖盆岩相充填序列与页岩油油富集模式

第二节　页岩油资源潜力

一、页岩油资源评价参数

1. 游离烃含量

游离烃 S_1 又称残留烃/热解烃，是已经生成尚残留在岩石中的烃类。本节选取了研究区青一段页岩油层段 S_1 样本数182个，其中黑197（18块）、黑238（140块）、查34-7（24块），其频率分布图如图4-6所示。研究中分别采取多元回归法和基于TOC的 S_1 建模法开展了 S_1 测井建模，统计见表4-1，类似于TOC的多元建模方法，研究中选取了黑197井、黑238井及查34-7井的 S_1 数据整体建模。

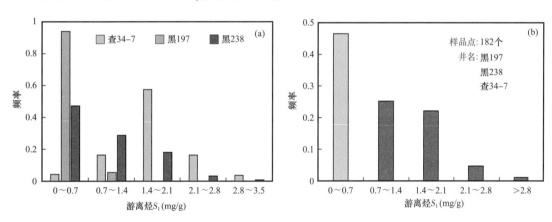

图4-6　研究区 S_1 分布范围频率图（按井分）（a）和频率分布图（汇总）（b）

表4-1　研究区青一段页岩油层段 S_1 统计

井名	样品数（个）	最大值（mg/g）	最小值（mg/g）	平均值（mg/g）
黑197	18	0.8	0.03	0.20
黑238	140	2.82	0.03	0.85
查34-7	24	3.47	0.44	1.78
合计	182	3.47	0.03	0.9

1）多元多参数回归法

在多元多参数回归中，首先选取声波时差、中子孔隙度和密度作为游离烃的敏感参数，其相关性分别为0.89、0.82和0.64（图4-7）。其中要特别注意的是中子孔隙度和密度响应分别在5~25和2.45~2.65之间存在一些异常点，如图中蓝色椭圆区域所示，随着测井响应的变化，其游离烃不发生变化，建模中将这些数据点进行了剔除处理，图中显示的相关性是剔除这些异常点之后的结果。

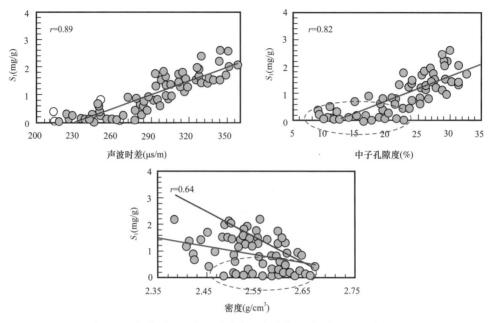

图 4-7　声波时差、中子孔隙度和密度与 S_1 相关性回归分析图

具体的研究中，将黑 197、黑 238、查 34-7 三口井的实验数据分为两部分：一部分做测井数据建模，另一部分做模型效果验证。首先，利用三孔隙度测井数据完成多元多参数回归建模：

$$S_1=f(AC，DEN，CNL)=-0.757+0.017AC-0.016CNL-1.119DEN \qquad (4-1)$$

根据上述模型，图 4-8（a）显示了 S_1 测井计算值和 S_1 岩心分析结果的对比，其相关系数高达 0.919，计算的平均相对误差和平均绝对误差分别为 13.3%、0.16%。

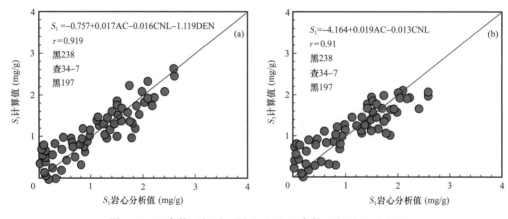

图 4-8　三参数回归对比图（a）和二参数回归对比图（b）

页岩油层段，尤其是查字号井所在研究区的井况较差，使得体积密度数据无法使用，进一步，研究中给出了声波时差和中子的二元回归测井模型：

$$S_1=f(AC，CNL)=-4.164+0.019AC-0.013CNL \qquad (4-2)$$

同样地，绘制了计算结果与岩心分析结果的对比图，从图 4-8（b）可以看出，两者同样具有较强的相关性，平均相对误差为 14.7%，平均绝对误差为 0.16%。

2）基于 TOC 的 S_1 测井建模

大量研究表明，总有机碳与游离烃存在一定关系。TOC 与 S_1 的相关性图，显示两者具有较强的相关性（图 4-9a），通过 TOC 可较好地预测 S_1，作为一种可选方案，当测井曲线质量较差或者无法满足建模需要时，可选其作为计算模型，具体如下：

$$S_1=0.739\text{TOC}-0.208 \tag{4-3}$$

进一步，对比分析了测井计算值与岩心分析结果（图 4-9b），两者交会相关系数为 0.94，平均相对误差为 16.9%，平均绝对误差仅为 0.23%。

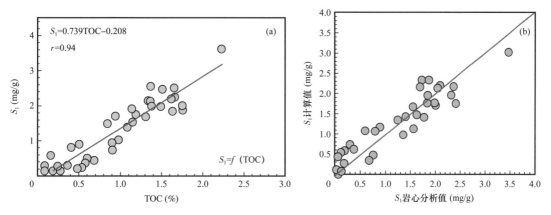

图 4-9 TOC—S_1 交会图（a）和 S_1 计算值与岩心分析交会图（b）

统计结果表明：研究区青一段 S_1 主要分布于 0~4.1mg/g，其中青一段 Y1 中 S_1 主要在 0~3.4mg/g 区间，青一段 Y2 中 S_1 主要分布于 0~4.5mg/g，Y3 的 S_1 区间为 0~4.4mg/g。由研究区的西南到东北区，S_1 逐渐增加，且水体越深 S_1 值越大，从 Y1—Y3，S_1 高值区范围向西南方向扩大。

2. 有效孔隙度

孔隙度是反映储层储集性能好坏的参数，其数值越大，说明它的储集性能越强。基于"岩心刻度测井"，对曲线进行深度归位，分层位建立孔隙度定量解释模型，模型好坏决定了测井储层评价优劣。研究区青一段页岩油层段高压压汞孔隙度样本数共 87 个，二维核磁共振测井孔隙度样本数共 42 个，TRA—L 孔隙度样本数共 67 个，孔隙度数据统计见表 4-2。首先，需要对比三种孔隙度测量方法（表 4-3）。

高压压汞：也称汞孔隙率法，适用于全部待测对象。实验原理基于汞对于一般固体不润湿，界面张力抵抗其进入孔中，欲使汞进入孔则必须施加外部压力，通过测量不同外压下进入孔中汞的量即知相应孔大小的孔体积。高压压汞实验目的有两个方面：其一是有效孔隙度（孔隙度偏小，与汞分子直径有关），其二是研究孔隙结构，而非孔隙度测量。对于待测样品没有外形限制，包容性较好。在研究区对碎样进行压汞，孔隙度为 2%~6%，中值为 2.8%（图 4-10）。

表 4-2　孔隙度实验数据统计表

方法	井名	样品数（个）	最大值（%）	最小值（%）	平均值（%）
高压压汞	查 34-7、黑 197/238、黑 258	87	5.69	1.16	2.84
二维核磁共振测井	查 34-7、黑 197/238	42	8.90	2.00	5.27
TRA—L	黑 238/258	67	6.54	2.15	4.09
合计		196	8.90	1.16	3.8

表 4-3　三种孔隙度实验测量方法对比

方法名称	适用对象	常用设备型号	测量孔隙类型	特点
致密岩石分析—液态烃（TRA—L）	致密样	覆压孔渗测试仪	（1）有效孔隙度； （2）可能吸附或溶解更多的、不同成分的碳氢化合物	（1）不加压； （2）溶剂萃取
二维核磁共振测井（T_1—T_2 二维谱图）	均可	美国 MR Cores-XX 高精度台式核磁共振	（1）流体孔隙度； （2）需油气/干酪根等矫正	（1）外形不限； （2）纳米孔隙
高压压汞（汞孔隙率法）	均可	AytoPore Ⅳ 9505 孔隙度分析仪	（1）有效孔隙度（孔隙度偏小，与汞分子直径有关）； （2）主要目的是研究孔隙结构，而非孔隙度测量	外形不限

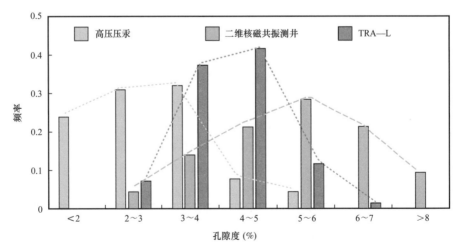

图 4-10　三种实验测量孔隙度频率特征分析图

二维核磁共振测井：利用二维核磁共振测井测得 T_1-T_2 二维谱图，适用于全部待测对象，测量的孔隙类型是样品中流体孔隙度，但还需油气／干酪根等对实验数据进行校正。研究区的二维核磁共振测井数据，孔隙度为3%～9%，中值为5.4%（图4-10）。

斯伦贝谢TRA—L：致密岩石分析—液态烃适用于致密样，利用萃取法测得有效孔隙度。研究区孔隙度范围为3%～5%，中值为4.1%（图4-10）。

由孔隙度频率分布图可知，二维核磁共振测井及TRA—L孔隙度整体大于高压压汞孔隙度。在岩心归位基础上，分别针对三种孔隙度测量方法开展了敏感性分析（图4-11），并给出了孔隙度与声波时差、补偿中子及密度的相关性，在此基础上，建立了声波、密度、中子测井响应的三参数孔隙度测井模型和声波和中子的二元回归测井模型（图4-12），整体上三参数优于二参数。

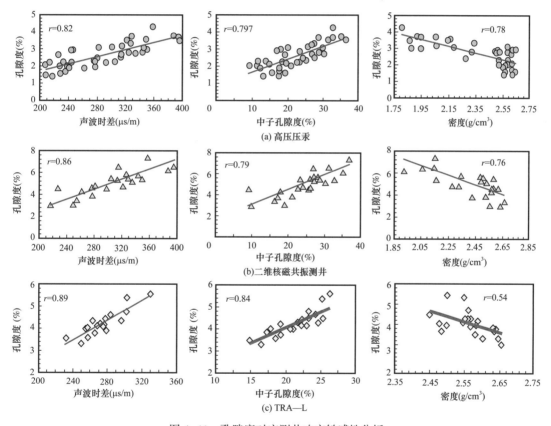

图4-11 孔隙度对应测井响应敏感性分析

表4-4给出了不同孔隙度方法得到的测井计算模型，其中包括建模所采用的数据源，输入的测井曲线和相关系数，对比表明，斯伦贝谢的TRA—L要优于其他测试数据建模结果。在实际应用中，若没有密度测井数据，或者出现扩井现象，可使用二参数模型。考虑到岩性不同，对应孔隙度变化范围也有差别，为提高孔隙度模型的精度、得到更符合实际的数据，尝试分岩性进行建模，以页岩的声波时差、补偿中子和密度为孔隙度的敏感参数，孔隙度计算值和岩心分析值相关系数与不分岩性的建模相关系数类似，且泥岩条件下的相关系数要低于统一建模的。

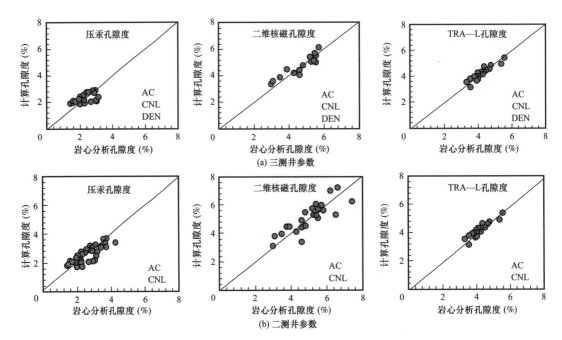

图 4-12　测井计算孔隙度与实验测量结果对比图

表 4-4　孔隙度测井计算模型

实验方法	建模井次	输入曲线	孔隙度计算公式	相关系数	备注
高压压汞	黑 197 黑 238 黑 258	AC CNL DEN	$\phi=3.001+0.005AC+0.014CNL-0.941DEN$	0.859	无扩径
高压压汞	查 34-7 黑 197 黑 238 黑 258	AC CNL	$\phi=-0.081+0.007AC+0.027CNL$	0.863	有扩径
二维核磁 共振测井	黑 197 黑 238	AC CNL DEN	$\phi=2.532+0.038AC-0.13CNL-2.314DEN$	0.903	无扩径
二维核磁 共振测井	查 34-7 黑 197 黑 238	AC CNL	$\phi=-1.982+0.0239AC-0.009CNL$	0.901	有扩径
TRA—L	黑 238 黑 258	AC CNL DEN	$\phi=-2.995+0.015AC+0.073CNL+0.566DEN$	0.926	无扩径
TRA—L	黑 238 黑 258	AC CNL	$\phi=-1.33+0.015AC+0.069CNL$	0.925	有扩径

　　将上述模型应用于黑 238 井中计算其孔隙度（图 4-13），从右向左依次为 TRA—L、二维核磁共振测井孔隙度和高压压汞计算结果。显然，高压压汞计算值偏小。二维核磁共

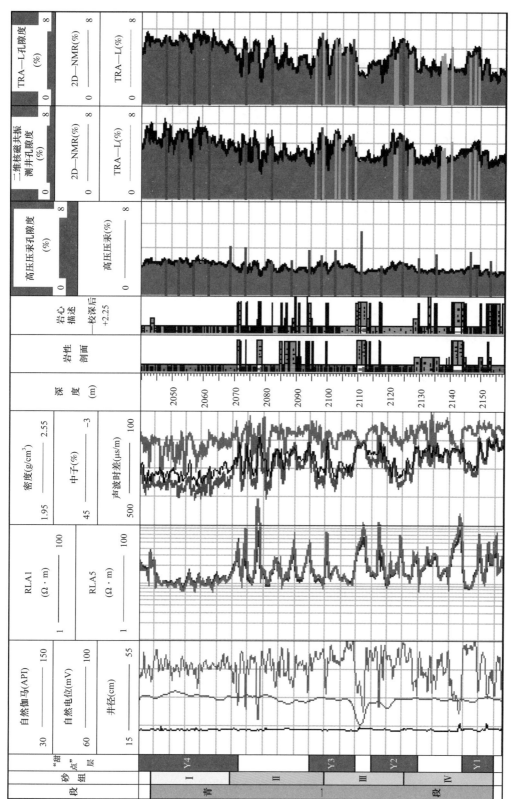

图 4-13　黑 238 井青一段页岩岩孔隙度计算对比图

119

振实验数据对应平均相对误差为9.6%，平均绝对误差为0.48%。TRA—L实验数据对应平均相对误差为3.8%，平均绝对误差为0.16%。三者对比表明：二维核磁共振测井孔隙度与TRA—L孔隙度计算结果基本一致，相比TRA—L的误差更小，故TRA—L实验数据最佳。因此，此模型可以普遍应用于其他井。结果表明，研究区青一段孔隙度主要分布于3%～5%，其中青一段Y1中孔隙度在3.2%～5.6%区间，青一段Y2中孔隙度主要分布于2.4%～7.2%，Y3的孔隙度取值区间为2%～7%，研究区的西南到东北区，孔隙度逐渐增加，Y2段孔隙度高值区分布较广。

3. 储层饱和度

由于地区差异、成岩环境等诸多因素，油气藏的成因不尽相同，在进行储层含油饱和度评价时需采用适用的方法模型进行定量解释。已有的基于阿奇公式或其变形的饱和度解释模型无法使用页岩油等非常规储层，除了岩石物理实验的约束和限制外，由于页岩油岩石样品不满足阿奇公式或其变形的前提条件，目前相关研究仍为相关研究热点。本节以二维核磁共振测井及TRA—L两种实验数据为基础，通过参数建模得到含油饱和度。

二维核磁共振实验是测量样品中流体饱和度，而TRA—L适用于致密样本。研究中选取黑197井、黑238井和查34-7井实验数据，二维核磁共振饱和度样品数为42个，分布范围在5.26%～65.2%，中值为30.86%。TRA—L萃取法测得饱和度样品数为69个，范围介于14.61%～92.07%，中值为53.75%，统计分析表明，TRA—L含油饱和度要大于二维核磁共振测量结果（图4-14a），后续将做进一步讨论和分析。区域饱和度分布范围较为平均（图4-14b）。相关的含油饱和度数据统计见表4-5。

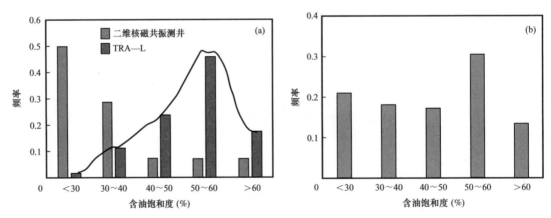

图4-14　不同饱和度测量结果（a）和饱和度测量结果（b）的整体频率分布图

另外，分岩性的含油性统计分析表明：长英质页岩TRA—L实验含油饱和度中值为54%，长英质页岩二维核磁共振实验含油饱和度中值为28%。黏土质页岩TRA—L实验含油饱和度中值为66%，黏土质页岩二维核磁共振实验含油饱和度中值为27%。可见黏土对含油饱和度具有较大影响，而黏土的含量与电阻率有着密切关系，即含油饱和度不仅受电阻率的影响，对于岩性也较为敏感，直接利用电阻率和含油饱和度建模可能会存在挑战，事实上，两者的相关系数不到 0.5（图 4-15）。

表 4-5 S_o 实验数据统计表

方法	井名	样品数（个）	最大值（%）	最小值（%）	平均值（%）
二维核磁	黑 197 黑 238 查 34-7	42	65.20	5.26	30.86
TRA—L	黑 197 黑 238 黑 258	69 （黑 197 井仅 3 点）	92.07	14.61	53.75
合计		111	92.07	14.61	45.09

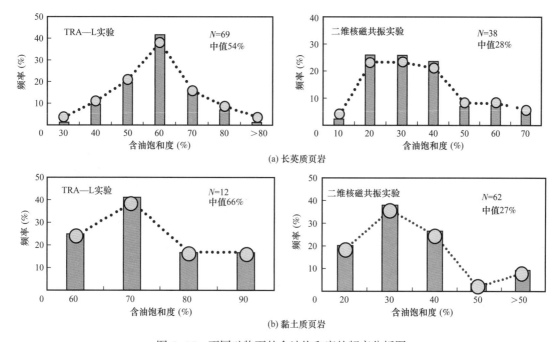

(a) 长英质页岩

(b) 黏土质页岩

图 4-15 不同矿物下的含油饱和度的频率分析图

以黑 258 和黑 238 井的 TRA—L 实验数据为依据，建立了如图 4-16（a）所示的含油饱和度与有效孔隙度的关系图，两者呈现指数变化关系，相关系数达 0.904，平均相对误差为 6.1%，平均绝对误差为 3.27%。对比岩心分析结果与测井计算值，可以看出，两者具有较高的相关性，集中分布在 45° 线上（图 4-16b）。

将上述模型应用于黑 238 井，进一步验证该模型的可靠性。图 4-17 给出了黑 238 的孔隙度计算结果，与实验测试数据对比，测井计算结果与其具有非常好的一致性，平均相对误差仅为 6.1%，平均绝对误差为 3.27%。页岩层段对比显示：Y4 的含油饱和度整体大于 Y1、Y2、Y3，Y1、Y2、Y3 含油饱和度趋势基本一致。

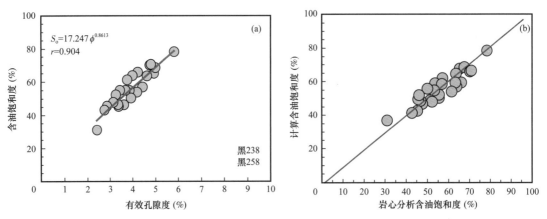

图 4-16　有效孔隙度与 S_o 交会图（a）和含油饱和度的计算值—岩心分析对比（b）

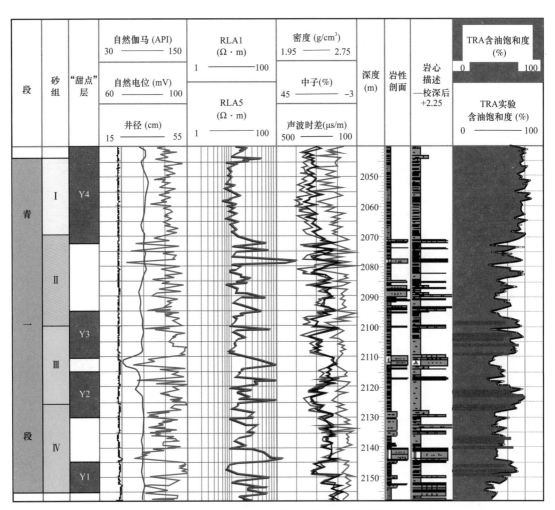

图 4-17　黑 238 青一段页岩储层饱和度计算结果图

以上建立了含油饱和度与有效孔隙度的关系，由于含油饱和度与地球化学参数存在着密切关系，图 4-18 给出了含油饱和度与 TOC、S_1 及氯仿沥青"A"（CB）交会图，可以看出，这些地球化学参数与含有饱和度有着较高的相关性，呈明显的正相关关系。同上方法，建立含油饱和度与地球化学参数的多元回归模型（图4-19），可以看出，岩心分析与测井计算结果具有较强的相关性，可以用于计算含油饱和度，该模型取决于TOC、S_1及氯仿沥青"A"的计算模型可靠性。

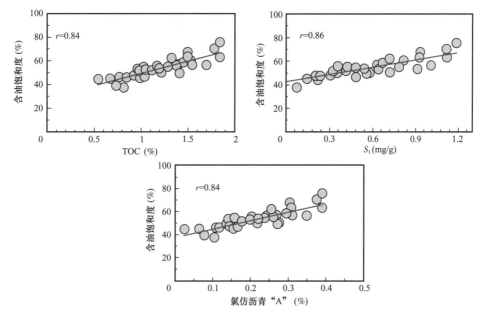

图4-18 含油饱和度与TOC、S_1及氯仿沥青"A"交会图

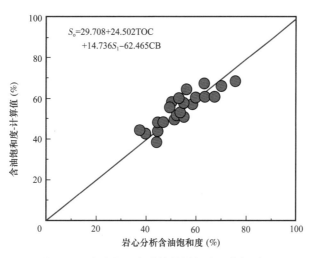

图4-19 含油饱和度计算结果与岩心分析对比

将图4-20所示计算模型（简称地化模型）应用于黑258井，为了对比起见，同时给出了基于孔隙度的饱和度计算结果，孔隙度建模结果的平均相对误差为6.08%，平均绝对误差为3.28%，地球化学参数建模的平均相对误差为5.27%，平均绝对误差为2.81%，后者要优于前者，这从图4-21对比可以看出。

实际应用中，当TOC、S_1及氯仿沥青"A"计算可靠性较好的条件下，优选地球化学模型。将该模型应用于研究区域其他井中，统计分析表明：研究区青一段含油饱和度主要

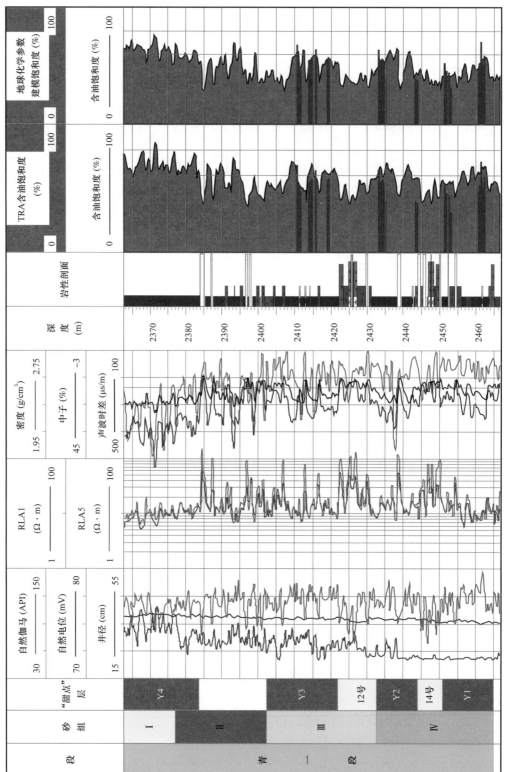

图 4-20 黑 258 青一段页岩储层含油饱和度建模对比图

分布于 45%～75%，其中青一段 Y1 中含油饱和度在 45%～75% 区间，青一段 Y2 中含油饱和度主要分布于 40%～70%，Y3 的含油饱和度取值区间为 30%～90%。整体来说，由研究区的西南部含油饱和度最小，由西南到东及东北方逐渐增加，Y3 段含油饱和度高值区分布较广（图 4-21）。

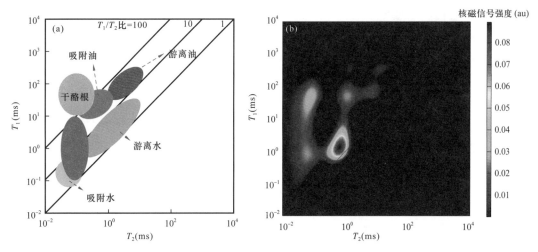

图 4-21　二维核磁共振理论模型（a）和典型实验测试结果图（b）

由上述可知，图 4-21 显示 TRA—L 含油饱和度要大于二维核磁共振实验测量结果，这表明目前基于已有的二维核磁共振实验结果会低估含油饱和度，两者差距平均达 22.89%（表 4-6）。为此需要分析不同含油饱和度实验方法的误差及来源。

表 4-6　二维核磁共振测井和 TRA—L 含油饱和度统计对比表

方法	井次	样品数（个）	最大值（%）	最小值（%）	平均值（%）
二维核磁	黑 197、黑 238、查 34-7	42	65.20	5.26	30.86
TRA—L	黑 197、黑 238、黑 258	69	92.07	14.61	53.75
差值			26.87	9.35	22.89

通过测量孔隙流体的核磁响应来间接反推孔隙度大小，即 1g 水对应的核磁共振弛豫时间标定孔隙大小为 ϕ_1，通过核磁共振弛豫时间的测量就可以按照该标准得到岩石样品的孔隙度，当孔隙中含有其他非地层水的流体时，比如油气，就需要开展油气校正，而研究区的岩石样品二维核磁共振测量未做油气/干酪根等校正。对于 TRA—L 萃取法，其实验流程与二维核磁共振有着完全不同的测量原理，它是一种直接方法，测量较为准备，但溶剂萃取和热解析每种分馏液体与在储层条件下的生产过程不同，也需要进一步改进实验方法。

图 4-22 给出了黑 238 的二维核磁共振和 TRA—L 含油饱和度实验对比结果，总体上变化趋势类似，相近深度位置处的二维核磁共振和 TRA—L 测量结果基本类似（仅 3 个点），其他位置的结果存在较大差异，这可能是两者存在较大差异的原因之一，因此，亟须设计平行样品开展不同含油饱和度测试结果对比分析及校正。

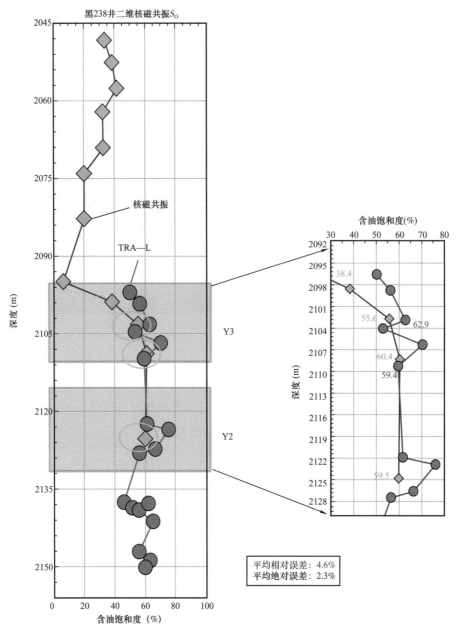

图 4-22　二维核磁共振与 TRA—L 的含油饱和度实验测量对比图

二、评价参数分析

目前公认的直接评价页岩气、页岩油富集程度的指标分别为含气量与含油率。含气量为 C_1—C_4 烃类气体及微量非烃气体与岩石的体积分数，通过现场密闭取心测得，也可以通过计算吸附气、游离气及溶解气之和获得。含油率为 C_6—C_{38} 烃类、胶质及沥青质与岩石的质量分数，目前还没有规范、统一的测试标准或计算方法。此外，国内页岩油气，尤其是页岩油刚起步，含气量与含油率还缺少丰富、系统的评价数据，难以满足页岩油气有利区优选及资源评价的要求。相比之下，地球化学评价指标在各油田都有大量的数据基础，w_{S_1} 与 TOC 即为直接评价烃源岩内残烃量的指标。其中，w_{S_1} 为 C$_{14}$—C$_{18}$ 烃类与岩石的质量比，与原油成分相比，缺少高碳数的烃类、沥青质及非烃含量；w（TOC）为总有机碳的含量。在不同的成熟度下，w（TOC）与 w_{S_1} 具有较好的线性关系（图 4-23）。

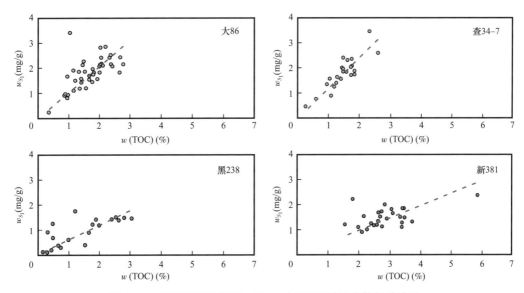

图 4-23　松辽盆地南部青一段 w_{S_1} 与 TOC 质量分数相关关系

目前应用 w_{S_1} 计算页岩油资源量及优选有利区往往是通过统计平均的方法统一赋值，这种做法忽略了烃源岩生烃的非均质性，井间或没有实测数据的地区也难以获得准确的评价。因此，有必要研究 w_{S_1} 的影响因素，根据成因法建立 w_{S_1} 的计算评价模型，再进行资源评价与有利区优选。

根据 w_{S_1} 与 w（TOC）的线性关系，因此原线性公式写为

$$a=w_{S_1}/w（TOC）\tag{4-4}$$

式中　w_{S_1}/w（TOC）——有机质向油气的转化程度；

　　　　a——与烃源岩热演化相关的参数，实测数据 $a \approx w_{S_1}/w$（TOC），与 R_o 有一定的关系（图 4-24）。

即在一定范围内，随埋深增加 R_o 与 a 呈正相关关系，但是 R_o 增大到一定程度后，进入过成熟阶段，有机质生烃能力随之降低，储层中干气含量增加，a 却呈现低值，进入反转区。即在 R_o 与 a 的正相关范围内，线性公式为

$$y=0.2948x+0.65\tag{4-5}$$

该线性公式在 R_o 大于 0.65% 时成立。当 R_o 小于 0.65% 时，此时有机质处于未成熟至低熟阶段，在计

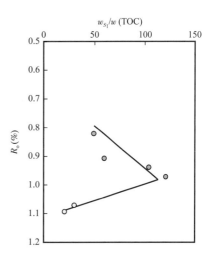

图 4-24　松辽盆地南部 w_{S_1}/w（TOC）和 R_o 相关关系

算过程中不予考虑。

由此说明：在 w_{S_1} 与 w（TOC）的线性关系中，不同的斜率 a 是演化程度不同造成的，并且 a 与 R_o 线性关系较好。将 R_o 代替 a，将各井所有 w_{S_1} 与 w（TOC）的实测点都投到一个图版里，就可解释这些散点的楔形分布（图 4-25）。

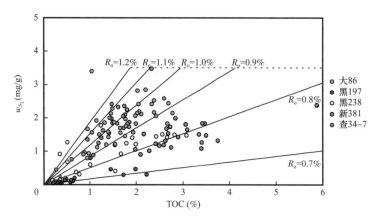

图 4-25 松辽盆地南部 w_{S_1} 与 w（TOC）和 R_o 相关关系

三、资源评价标准

松辽盆地南部 S_1 与深度关系如图 4-26 所示。由图可以看出：随着埋深的增加，S_1 在深度为 1650m 时出现曲线转折点，到达生烃高峰。此时，地层中富集大量游离烃。随后 S_1 缓慢降低，趋于 1mg/g。

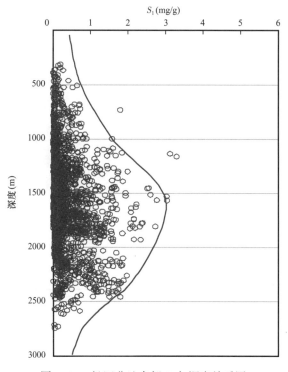

图 4-26 松辽盆地南部 S_1 与深度关系图

根据 R_o 与深度关系，拟合得到 $y=0.0004x$，并得出：在深度为 1650m 时，$R_o=0.65\%$。由此可以认为：R_o 大于 0.65% 时页岩开始大量生烃，根据目前国内页岩油气资源调查情况，可以将其定为有利区或页岩油气富集区的游离烃富集量下限。

四、页岩油资源分布

页岩油气资源评价方法目前主要采用体积法、类比法及成因法。体积法由于其可操作性强，应用最为广泛，其难点在于确定代表页岩含油性的参数及更为贴近实际的赋值。体积法中的 w_{S_1} 的公式为

$$Q=DSHw_{S_1} \tag{4-6}$$

式中　Q——页岩油资源量，t；

D——泥页岩密度，t/km^3，针对本区青一段深度 D 取 $2.55t/km^3$；

S——泥页岩分布面积，$15073km^2$；

H——暗色泥岩厚度，km（图 4-27）。

以往工作的计算方法是将 w_{S_1} 取平均值后代入公式进行计算，由于地质因素的复杂性，计算结果的可靠性无法确定。针对以上问题，根据本节提出的 w_{S_1} 计算模型，将蒙特卡罗法引入资源量计算中。

将 w（TOC）与 R_o 等值线图网格化，网格密度根据计算需要可进行调整，通过双狐曲面运算，应用模型计算网格每点的 w_{S_1}。并得出 S_1 等值线图（图 4-28）。

相比之下，地球化学评价指标在各油田都有大量的数据基础，w_{S_1} 与氯仿沥青 "A" 质量分数 w_A 即为直接评价烃源岩内残烃量的指标，但二者均有一定的不足。其中，w_{S_1} 为 C_{14}—C_{18} 烃类与岩石的质量比，与原油成分相比，缺少高碳数的烃类、沥青质及非烃含量；w_A 为可溶性有机质的质量分数，成分包括 C_6—C_{38} 烃类、胶质及沥青质，与原油相比缺少低碳数的烃类。因此，需要对 w_{S_1} 进行校正，以减小误差。

通过核磁共振法，测量样品中总含油率与 S_1 的含量，得到线性关系。对 S_1 进行校正（图 4-29），减小计算过程中的误差，得到校正公式：

$$y=7.8381x+3.1022 \tag{4-7}$$

由此得到校正后的核磁共振法总含油率的等值线图。

将核磁共振法总含油率等值线图、暗色泥岩等厚图网格化，网格密度根据计算需要可进行调整，将每个网格的暗色泥岩厚度、核磁共振法总含油率与页岩密度相乘，即可得到每网格点的页岩油资源量，通过双狐的曲面运算功能，得到总资源丰度等值线图。对该区域进行蒙特卡罗加运算，即可求得目标区的总资源量。

同理，通过核磁共振法，可测量样品中可动油与 S_1 的含量，得到线性关系。对 S_1 进行校正（图 4-30），得到校正公式：

$$y=0.9027x+3.6062 \tag{4-8}$$

由此得到校正后的 S_1 的等值线图。每个网格的暗色泥岩厚度、核磁共振法可动含油率与页岩密度相乘，即可得到每网格点的页岩油资源量，通过双狐曲面的运算功能，得到

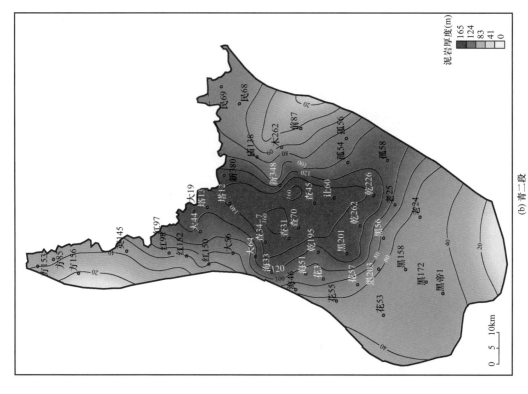

(b) 青二段

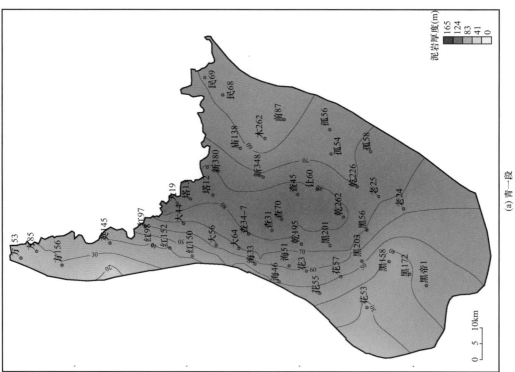

(a) 青一段

图 4-27　松辽盆地南部暗色泥岩等厚图

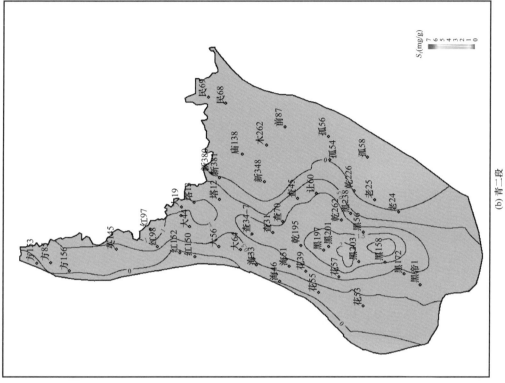

(b) 青二段

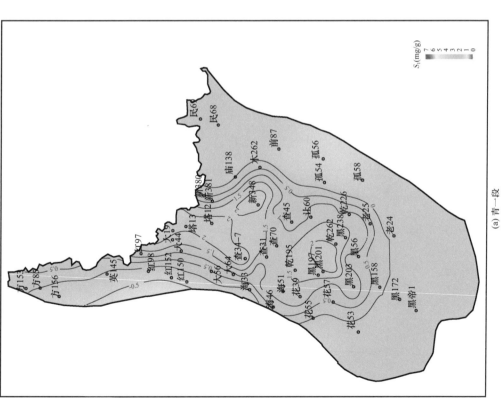

(a) 青一段

图 4-28　松辽盆地南部 S_1 等值线图

可动油资源丰度等值线图（图4-31至图4-34）。

根据 R_o 等值线图圈定 R_o 大于0.65%的区域，再对该区域进行蒙特卡罗加运算，即可求得目标区的可动油页岩油资源量。根据 R_o 等值线图圈定 R_o 大于0.8%的区域，即可求得目标区的可动油富集资源量，相关数据详见表4-7。

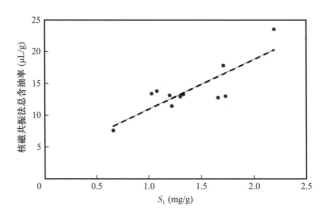

图4-29　核磁共振法总含油率与 S_1 线性关系

表4-7　松辽盆地南部资源量计算相关数据汇总

参数 层位	S_1（mg/g）		暗色泥岩厚度（m）		总含油率（μL/g）		可动含油率（%）	
	范围	平均值	范围	平均值	范围	平均值	范围	平均值
青一段	0～3.10	0.69	12.71～92.79	45.38	0～20.73	6.97	0～6.65	4.04
青二段	0～2.12	0.61	3.61～163.47	73.48	0～19.74	6.44	0～7.04	3.6

由以上方法计算出的松辽盆地南部青一段总资源量为 $158.26 \times 10^8 t$，可动油资源量为 $48.51 \times 10^8 t$，可动油富集资源量为 $13.81 \times 10^8 t$；青二段总资源量为 $70.91 \times 10^8 t$，可动油资源量为 $9.53 \times 10^8 t$；可动油富集资源量为 $1.53 \times 10^8 t$。

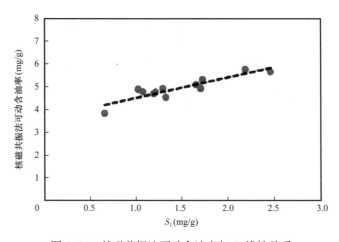

图4-30　核磁共振法可动含油率与 S_1 线性关系

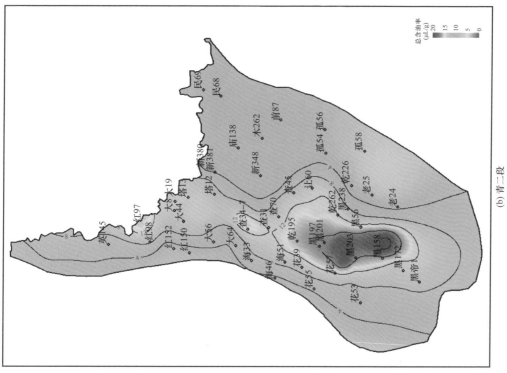

(b) 青二段

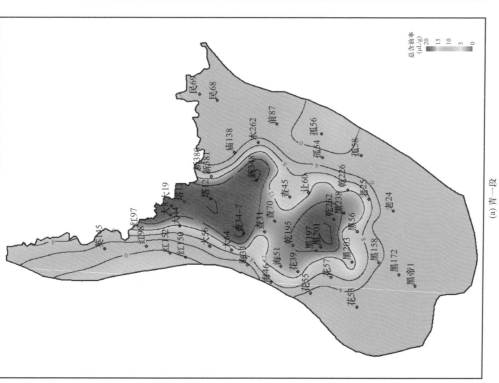

(a) 青一段

图 4-31　松辽盆地南部总含油率等值线图

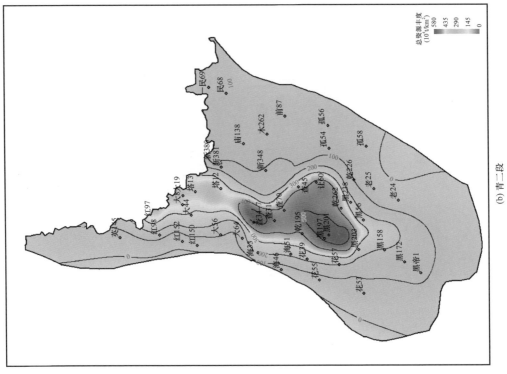

(b) 青二段

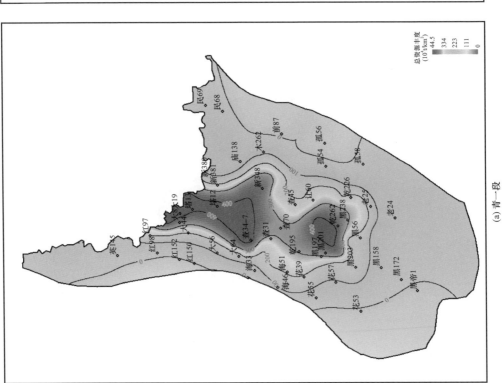

(a) 青一段

图 4-32 松辽盆地南部总资源丰度等值线图

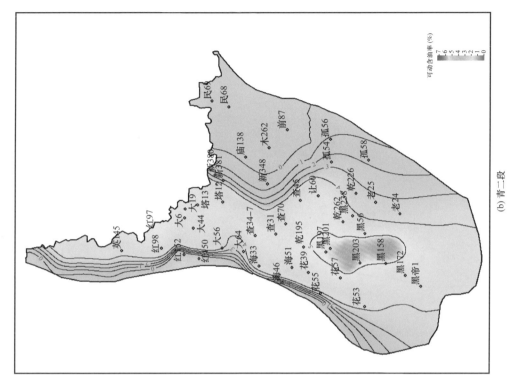

(b) 青二段

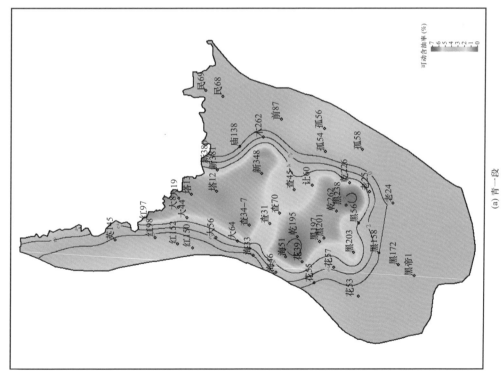

(a) 青一段

图 4-33 松辽盆地南部可动含油率等值线图

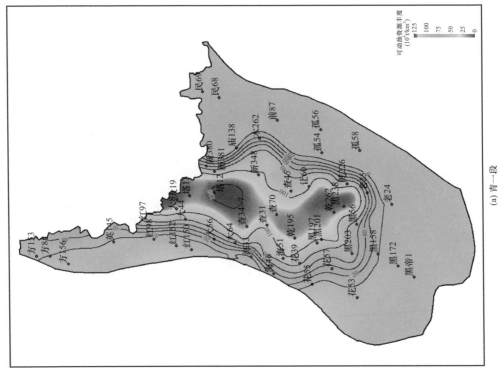

(a) 青一段　　　　　　　　　　　　　(b) 青二段

图4-34　松辽盆地南部可动油资源丰度等值线图

第五章　吉林探区页岩油勘探实践

第一节　地质工程一体化

一、页岩油藏认识

1. 夹层型页岩油

由于薄砂层井控制储量低，单动砂岩无法实现效益开发，通过创新砂页岩联合动用模式，水平井长期试采产量获得突破。该模式钻探靶层定在青一段中下部两套砂岩，可以防止套变，通过大规模全藏改造，提高加砂强度、多粒径组合支撑，压开邻近页岩"甜点"层，实现页岩高压向砂岩井筒流动。长期试采表现出以下特征：见油时间快，放喷 2～7 天见油；自喷周期短，一般 2～4 个月；排液周期长，6～10 个月见高产；递减率较小，稳产期递减率小于 10%。

2. 页岩型页岩油

直井试油 27 口证实页岩"甜点"含油性，长期试采 7 口井表现一定稳产能力。面对前期钻探问题，主要开展页岩地层井壁稳定性机理研究，研发微纳米封堵技术、提速工具、井筒压力精细控制、强化钻井参数等关键技术，实现了页岩油水平井高效钻完井技术的重要进展。目前开展密切割、大排量、高砂比加砂改造等技术手段实现了青一段下部三套页岩"甜点"层的动用。"甜点"层的分布受优质生烃潜力、高石英含量共同控制。

二、岩石力学特征

1. 基于 GRU 的横波速度预测

储层参数反映了储层的具体特征，与横波速度之间存在着必然联系。通常通过测井方法得到储层参数，研究区的参数包括声波时差、密度、自然伽马、补偿中子和电阻率等。选取敏感参数作为输入参数，需要先分析由这些测井方法得到的储层参数与横波速度之间的相关性。密度直接参与储层体积模量和剪切模量的计算，间接参与横波速度的计算，因此密度与横波速度具有一定相关性；自然伽马值反映了储层骨架中的泥质含量，与横波速度具有正相关关系；孔隙度值反映了储层的地质结构，直接影响横波速度；储层的岩石骨架通常不导电，电阻率主要反映储层的孔隙流体特征，因此也能反映横波速度变化，最终选取三孔隙度和自然伽马测井曲线作为输入参数。通过训练神经网络逼近横波速度与储层参数之间的关系，然后预测横波速度。

取黑 238 井作为测试，分别利用一元回归、多元回归、决策树算法、随机森林算法、长短期记忆网络算法、门控神经网络（GRU）算法对横波速度进行预测。整体的符合率达94.2%，图5-1给出了预测值与实际测量值的对比结果。

图5-2应用了以上6种方法，对黑238井的横波速度进行了预测（左图最右道所示），同时，也给出了基于单极和偶极提取的横波速度，对比表明：门控神经网络算法预测模型与实际测量值一致性较好，在这6种算法中最佳。将GRU算法推广至其他井，测试表明：（1）门控神经网络算法可以较好地预测该区横波时差，为力学参数计算提供了关键参数；（2）整体符合率高达92.89%。

2. 岩石力学实验

岩石压缩实验包括两种：一是单轴压缩实验；二是三轴压缩实验。通过岩石压缩实验可以得到岩石的弹性模量、泊松比、压缩强度、塑性参数等，同时应力—应变曲线及有关结果可被用于评价岩石脆性等方面。实验结果及后续解释模型可以为水力压裂模型和设计提供参数基础和依据。

1）实验原理

三轴实验是针对岩土材料采用的较为成熟的力学实验方法。三轴实验通常指常规三轴实验，即$\sigma_2=\sigma_3$，在给定围压σ_3时，测定破坏时轴向压应力σ_1。岩石常规三轴实验是将圆柱体规则试件置于三维压应力（$\sigma_1>\sigma_2=\sigma_3>0$）状态，研究其强度特性。岩石三轴压缩条件下的强度与变形参数主要有：三轴压缩强度（抗压强度）、内摩擦角、内聚力以及弹性模量和泊松比，室内三轴压缩实验是将试件放在一个密闭容器里，施加三向压应力直至试件破坏，在加载过程中测定不同荷载下的应变值。绘制应力—应变关系曲线，求取岩石的三轴压缩强度（抗压强度）、弹性模量和泊松比等参数。

2）实验结果

黑258井含砂页岩储层弹性模量在20.9～32.86GPa之间，平均为27.95GPa；泊松比平均为0.217；抗压强度在225.98～384.71MPa之间，平均为293.01MPa。黑258井储层三轴应力—应变曲线整体上表现出脆性，随围压和深度变化不大（图5-3）。

黑258井研究区岩心受单轴加压后，裂缝沿层理发展。岩心裂缝沿两条层理张开，形成多条层理缝（图5-4）。其中埋深2445.3m和埋深2452.3m处的岩心有部分横向发展的小裂缝。具有砂岩的性质，易形成压裂缝网。黑258井研究区整体上各深度区间差异不明显，样品压后形态规律基本一致，形成较单一的裂缝。

3. 岩石力学参数计算

研究区的矿物主要由长英质页岩主要由黏土、石英、长石、方解石、铁白云石、黄铁矿组成。其中黏土矿物是以伊利石为主，不含蒙皂石，黏土矿物含量为20%～40%，平均为31.7%。大情字井页岩全岩矿物黏土矿物含量为30.27%，长石为26.4%，石英为30.09%，其他脆性矿物为13.24%。

在评价研究区的岩石力学参数时，先采用最直观的方法：观察测井曲线。例如：脆性的高低可以基于自然伽马和声波时差曲线来判断。

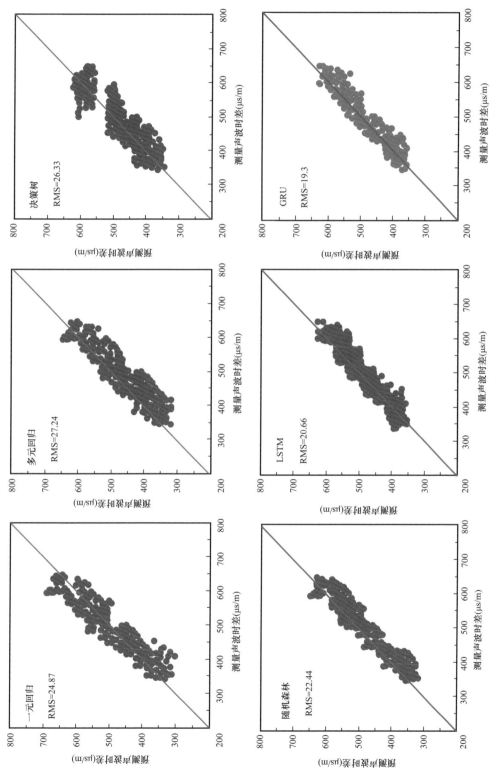

图 5-1 基于智能算法预测横波速度预测值与实际值对比图

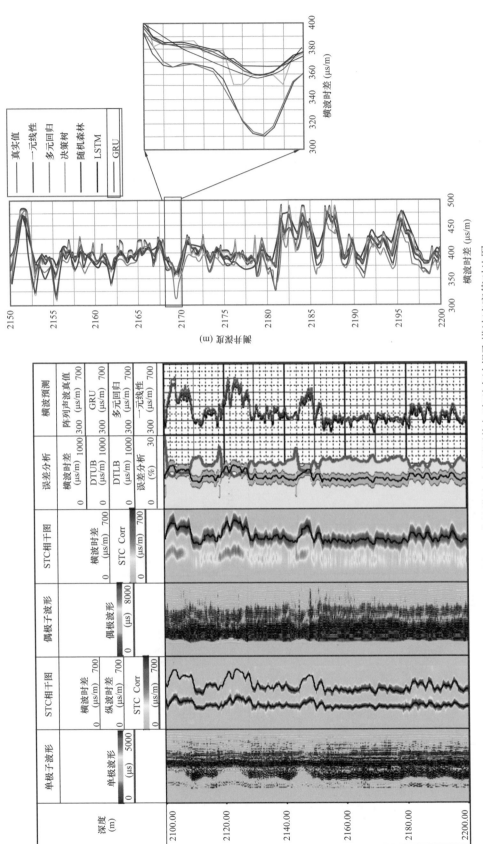

图 5-2 黑 238 井的横波速度预测值与阵列声波列波提取横波速度值对比图

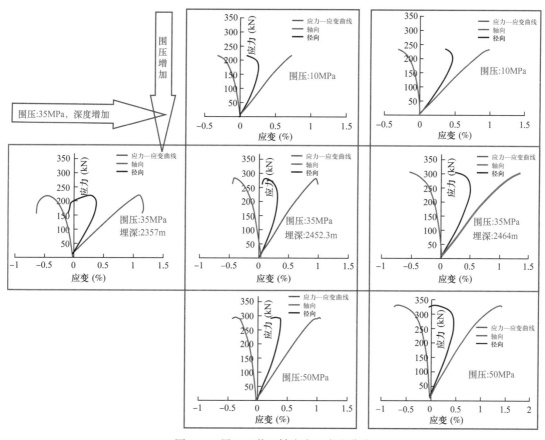

图 5-3　黑 258 井三轴应力—应变曲线

(a) 埋深2357m　　(b) 埋深2435m　　(c) 埋深2445.3m　　(d) 埋深2452.3m　　(e) 埋深2464m

图 5-4　黑 258 井储层岩心裂缝规律

依据弹性力学理论，利用阵列声波测井曲线中的纵横波时差及密度资料，可以求取岩石的动态弹性模量和泊松比。

杨氏模量：

$$E = \frac{v_s^2 \times \rho \left(3v_p^2 - 4v_s^2 \right)}{2\left(v_p^2 - v_s^2 \right)} \qquad （5-1）$$

式中　E——杨氏模量；

v_s——横波速度；

v_p——纵波速度。

杨氏模量归一化后：

$$E_{Brit} = \frac{E - E_{min}}{E_{max} - E_{min}} \times 100 \qquad （5-2）$$

式中　E_{Brit}——脆性杨氏模量。

泊松比：

$$\nu = \frac{v_p^2 - 2 \times v_s^2}{2 \times \left(v_p^2 - v_s^2\right)} \qquad （5-3）$$

泊松比归一化后：

$$\nu_{Brit} = \frac{\nu_{max} - \nu}{\nu_{max} - \nu_{min}} \times 100 \qquad （5-4）$$

式中　ν_{Brit}——脆性泊松比。

脆性指数为

$$B_{Brit} = 0.5 E_{Brit} + 0.5 \nu_{Brit} \qquad （5-5）$$

注意：不同岩石，其剪切模量不同；同一岩性，如果其特征相对均一时，剪切模量相近，地层发生破裂后可以使 Δt_s^2 值增加，使 E 值降低。

体积模量：

$$K = \rho_b \frac{3\Delta t_s^2 - 4\Delta t_p^2}{3\Delta t_s^2 \Delta t_p^2} \times 9.299 \times 10^7 \qquad （5-6）$$

式中　Δt_s——横波时差；

Δt_p——波时差。

岩石体积压缩系数（C_B）为体积模量的倒数，即：

$$C_B = 1/K \qquad （5-7）$$

在按照上述方法计算出岩石力学参数后，可按如下方法（即 ADS 法）进行现今地应力值计算。计算公式（垂向应力考虑了上覆岩石压力以及孔隙压力，水平应力考虑了构造残余应力的作用）如下：

$$\begin{cases} \sigma_x = \mu_b \left(mp_0 - \alpha mp_b\right) \\ \sigma_y = mp_0 - \alpha mp_b \\ \sigma_z = p_0 - \alpha p_b \\ p_f = \alpha p_b + \mu_b \dfrac{\mu}{1+\mu}\left(p_0 - \alpha p_b\right) \end{cases} \qquad （5-8）$$

其中：

$$\alpha = 1 - \frac{C_{ma}}{C_b} = 1 - \frac{\rho_b \left(\dfrac{3}{\Delta t_p^2} - \dfrac{4}{\Delta t_s^2} \right)}{\rho_{ma} \left(\dfrac{3}{\Delta t_{mp}^2} - \dfrac{4}{\Delta t_{ms}^2} \right)} \qquad (5-9)$$

$$m = \frac{\nu}{1-\nu}$$
$$p_0 = 0.001 \rho_b h 9.8$$
$$p_b = G_p h \qquad (5-10)$$
$$\mu_b = 1 + A \left[1 - \left(\frac{D_{min}}{D_{max}} \right)^2 \right] \frac{E_t}{E_{tma}} = 1 + A \left[1 - \left(\frac{D_{min}}{D_{max}} \right)^2 \right] \frac{\rho_b (1+\mu) \Delta t_m^2}{\rho_{max} (1+\mu) \Delta t_s^2}$$

式中　p_f——现今地应力值;

p_0——上覆岩层压力,MPa;

p_b——地层孔隙压力,MPa;

G_p——上覆地层压力梯度;

μ——非平衡因子;

A——接触面积;

D_{min}——最小粒径;

D_{max}——最大粒径;

ρ_b——地层密度;

ρ_{max}——最大密度。

　　静态岩石力学参数是通过静态进行测量,存在的变形有:弹性和非弹性,及黏弹性、塑性,所受应力是长期的。而动态参数是发射器发射声波进行测量,所受变形为弹性变形,应力是在短时间范围内的。对比来看,动态弹性模量外加应力小能力低,应力作用时间短,变形为弹性变形,所以动态模型算出的参数要普遍大于静态模量。

　　动静态参数转化关系。动静态泊松比关系比较复杂,尤其是在各向异性页岩中。

　　由动态泊松比和静态泊松比的交会图可以看出(图5-5),二者的关系较为复杂,相关性差。还存在各向异性引起的弹性模量呈现出的差异(图5-6)。

　　页岩储层具有低孔低渗特征,通常需要压裂改造,因此页岩储层的可压裂性评价对测试层位优选和产能预测具有重要意义。通常,采用脆性指数反映页岩储层的脆性特征,以此评估页岩储层可压裂的难易程度。页岩的脆性特征主要取决于岩石的矿物成分、颗粒间胶结及所处的力学环境。

　　岩石在应力作用下发生破裂以及破裂后保持裂缝开启的能力反映了页岩的可压裂性,可用页岩的脆性特征表示。反映脆性特征的方法较多,包括岩心实验分析的岩石应力应变特征法、硬度及强度评价法等。主要通过力学参数法和矿物含量法来建立研究区页岩油储层脆性指数评价方法。基于矿物组分的页岩储层脆性评价是相对简单而且应用较广泛的方法。基本方法是先确定矿物的种类和含量,再通过脆性矿物含量与总矿物含量的比例确定脆性指数。利用岩石力学参数是评价页岩气储层脆性特征的有效手段，一般方法是基于泊松比和杨氏模量获取页岩储层的脆性指数BRIT2。研究表明，泊松比和杨氏模量可以有效地反映页岩脆性，其中泊松比反映岩石塑性，杨氏模量反映岩石脆性；杨氏模量越高、泊松比越低，岩石脆性越大，可压裂性越好。Rickman等（2008）采用了归一化的杨氏模量和泊松比，建立了脆性指数计算模型。基于上述岩石力学测井计算模型，可得到典型井岩石力学曲线（图5-7）。多井数据统计表明：研究区青一段脆性指数主要分布于29.1%～71.2%，其中青一段Y1中脆性指数在29.1%～70.9%区间，青一段Y2中脆性指数主要分布于29.0%～71.2%，Y3的脆性指数取值区间为25.5%～63.9%。由研究区南西到北东，脆性指数逐渐减小，距离物源越近，脆性指数越大。从Y1—Y3，脆性高值区范围北东方向扩大。

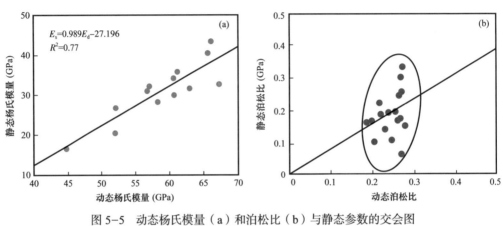

图5-5　动态杨氏模量（a）和泊松比（b）与静态参数的交会图

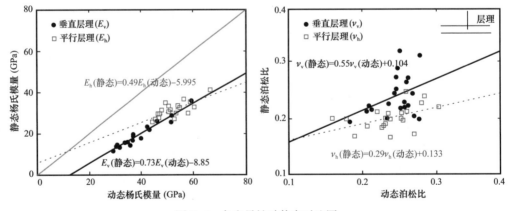

图5-6　各向异性动静态对比图

三、压裂改造

吉林油田开展了两种类型页岩油的部署及提产改造试验，完成了10口井试油，8口井获工业油流，其中3口井获高产油流，展现了青一段页岩油良好的勘探开发前景。

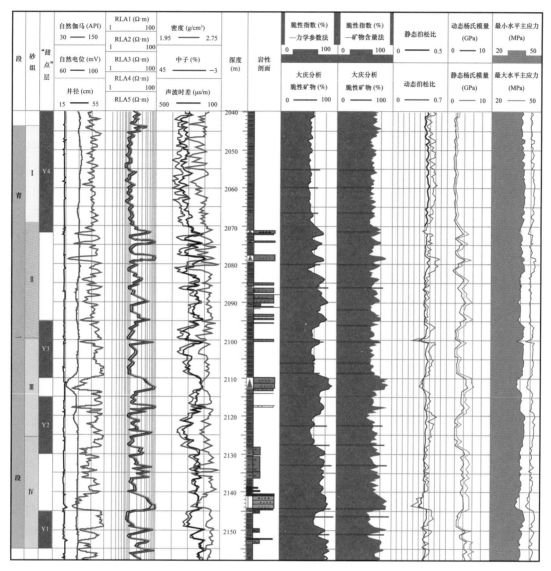

图 5-7　黑 238 井页岩储层力学参数图

1. 夹层型页岩油

大情字外前缘夹层型页岩油部署 3 口直井，通过系统取心、特殊测井及实验分析落实青一段两个"甜点"层 5 个"甜点"小层，其中 3 个页岩"甜点"小层，岩性以硅质页岩为主，压力系数为 1.2～1.3，黏土矿物含量为 20%～35%，单层厚为 6～15m，累计厚为 23～36m；两个砂岩"甜点"小层，岩性以粉砂岩为主，压力系数为 1.0～1.05，单层厚为 1～3m，累计厚为 2～6m，砂地比小于 15%。

通过岩石力学性质分析及压裂液配伍性实验，初步形成了直井高密度完井＋体积压裂方案。压裂工艺采取套管压裂，桥塞分层，缝内暂堵提高裂缝复杂程度。滑溜水＋速溶瓜尔胶复合压裂液体系大排量、大规模体积压裂，70～140 目 +40～70 目 +30～50 目陶粒组合支撑提高导流能力。实施 3 口直井分层缝网压裂（表 5-1），均获工业油流，其中两口井获高产油流，H197 日油产 20.04m³；H258 日产油 10.4m³，试采 63 天，累计产油 326m³，展现了效益开发的潜力。

2. 页岩型页岩油

乾安—大安纯页岩型页岩油部署 5 口直井，通过系统取心、特殊测井及实验分析落实青一段两个"甜点"层 3 个"甜点"小层，岩性以黏土质页岩为主，黏土矿物含量为 35%～60%，压力系数为 1.04～1.3，单层厚度为 5～23m，累计厚为 25～49m。

纯页岩型页岩油取得了重大发现，实施了 3 口井压前 MFE 测试，两口井获工业油流，其中 1 口井获高产油流。C34-6 井获日产 10.4m³ 的高产油流，X380 井日产油 2.1m³，C34-7 井日产油 1.36m³。

积极探索黏土质页岩适用的增产改造技术，分别实施了大规模水基、CO_2 干法压裂、前置 CO_2+ 水基压裂试验，压后改造增产效果不明显（表 5-2）。压裂改造的 7 口井，5 口井获工业油流，只有 C70 井日产油大于 5m³。纯页岩型页岩油仍需以"提产技术"为核心，持续开展地质工程一体化攻关，不断提高单井产能，才能实现效益动用。

第二节　勘探成效

松辽盆地南部页岩油资源丰富，有利面积为 5000km²，资源量为 $54.7×10^8$t。可划分为纯页岩型、夹层型两种类型，其中，纯页岩型页岩油砂岩不发育，以黏土质页岩为主，页岩厚度为 30～100m，主要分布于余字井—塔虎城地区，面积为 3700km²，资源量为 $34.7×10^8$t。夹层型页岩油发育区砂地比小于 30%，单层砂岩厚度小于 5m，页岩以长英质页岩为主，主要分布于大情字井地区，面积为 1300km²，资源量为 $20×10^8$t。初步评价松辽盆地南部页岩油资源潜力大，是吉林油田的重要勘探战略接替领域。2021 年，吉林油田加快推进页岩油两个先导试验，取得新突破。

一、纯页岩型页岩油水平井提产试验取得突破

2018 年以来，吉林油田强化资料系统录取及针对性分析化验，其中青一段、青二段页岩油系统取心 13 口井 1010m，共计开展分析测试 35 项 10543 块次。累计开展地层测试 14 口井，其中压后测试 4 口井，累计测气油比 13 口井，在此基础上，突出三方面重点工作，支撑纯页岩型页岩油勘探取得突破。

（1）"甜点"主攻区优选：综合 15 个页岩油评价参数，进一步完善"甜点"评价标准，划分 3 类页岩"甜点"层，其中 I 类"甜点"层 R_o 不小于 1.2%，脆性矿物含量为 45%～70%，原油密度不大于 0.84g/cm³，气油比不小于 50m³/m³，压力系数不小于 1.2，单层页岩厚度不小于 10m，TOC 不小于 2%，R_T 不小于 12Ω·m，AC 不小于 270μs/m，DEN 不大于 2.56g/cm³，有效孔隙度不小于 4.5%，含油饱和度不小于 55%，以长英质页岩为主，位于三角洲外前缘—深湖相带，处于凹陷低部位或具有鼻状构造背景，断裂系统不发育或只在青一段内部发育，"甜点"面积不小于 100km²。依据评价标准，松南页岩油共划分四

表 5-1 松南页岩油 3 口直井分层缝网压裂试油成果表

序号	井号	试油次数	射孔参数		方式	压裂施工参数				试油情况			
			层位	厚度(m)		压裂方式	日期	总液量(m³)	总砂量(m³)	日产油(m³)	日产水(m³)	累计产油(m³)	累计产水(m³)
1	H197	1	青一段	11	分簇射孔	套管三层	10月8日	3326	140	20.04	18.3	310.57	2678.95
2	H238	1	青一段、青二段	44	分簇射孔	套管五层	12月9日	7836	323	5.8	45.54	319.38	7600.66
3	H258	1	青一段	23	复合射孔	套管三层	12月8日	7025	186	10.4	37.86	177	3694

表 5-2 松南黏土质页岩储层探井压裂施工成果表

序号	井号	射孔参数			压裂方式	压裂施工参数			试油情况			
		井段(m)	射厚(m)	射孔方式		日期	总液量(m³)	总砂量(m³)	日产油(m³)	日产水(m³)	累计产油(m³)	累计产水(m³)
1	X360	1630~1665	30	常规射孔	大规模水基	8月5日	1171.2	43	3.9	15.1	34.02	724.18
2	C34-7	2382.2~2260	23	分簇射孔	大规模水基	12月7日	6905	273	2	12.57	40.56	4160.72
3	D86	2100.2~1865.8	25	分簇射孔	大规模水基	8月14日	10492	437	4.5	26.32	170.83	5351
4	C70	2156.3~2101.8	6.5	分簇射孔	大规模水基	11月8日	2886	133.2	5.19	11.49	68.54	2157.6
5	X381	1538.2~1562.8	24.6	常规射孔	大规模水基	12月10日	2214	110	1.9	2.3	19.39	1263.18
6	C47-6	2134.09~2126.9	8	复合射孔	CO_2 干法压裂	4月8日	946	19	1.75	3.1	45.03	216.79
7	C34-6	2414~2408	6	复合射孔	前置 CO_2+水基	12月8日	1175	52	3.6	2.93	173.32	74.18

个Ⅰ类"甜点"区，面积为1455km²，资源量为10.7×10⁸t，地质工程"甜点"综合评价，优选赞字井、乾安两个"甜点"区为主攻区带，面积为755km³，资源量为6.0×10⁸t。

（2）"甜点"层优选：通过开展"铁柱子井"精细评价，结合直井试油结果，明确青一段下部最优，按照层序地层学理论，青一段下部可进一步划分为Y1—Y3三个页岩层。以黑82G平1-24井岩心测试结果为例，落实Y1—Y3三套层特征，明确Y1层内Ⅰ类储层脆性矿物含量较高，达60.8%，TOC含量较低，为2.6%；Y3层内Ⅰ类储层TOC含量较高，达5.9%，脆性矿物含量较低，为53.6%。综合评价认为Y1、Y3两套层为有利"甜点"。

（3）持续攻关钻井压裂技术：一是通过攻关井壁稳定、水平段快速钻进技术，初步形成页岩油长水平段水平井钻完井配套技术，实现水平井打成、打长，黑页平4、黑页平5两口井水平段突破了2000m，水平段机械钻速同比提高88%；二是攻关压裂提产技术，形成水平井多簇密切割体积改造模式，采用前置高黏冻胶、排量提高至20m³/min，砂比提高至27%，加砂强度提高至2.8t/m，采用石英砂替代，支撑剂成本降低52%；通过合理焖井确保置换效果，大幅缩短见油周期，页岩压后见油时间1~7天，见油返排率降至0.5%，黑页平5井放喷当天即见油。

2018—2020年，一是针对长英质页岩开展提产攻关见到较好效果。其中，黑87-7井针对青一段Ⅳ砂组下部页岩"甜点"层（Y1）试油，井段2191.8~2199m，射孔厚度7.2m，油管单封单压，排量7.5m³/min，总砂量60m³，总液量882.5m³，日产油11.3m³，累计产油224.28m³。黑130井针对青一段Ⅲ砂组页岩"甜点"层（Y2）试油，井段2459.1~2475.9m，射孔厚度10.9m，油管单封单压，排量6m³/min，总砂量50m³，总液量413.8m³，日产油14.58m³，累计产油158.66m³；乾229井针对青一段Ⅳ砂组下页岩"甜点"层（Y1）试油，井段1906.6~1911.4m，射孔厚度4.8m，常规测试，日产油2.3m³。黑122井针对青一段Ⅲ砂组页岩"甜点"层（Y3）试油，井段2486.9~2498.3m，射孔厚度11.4m，油管单层压裂，排量3.3~5m³/min，施工压力49~55MPa，加砂量45m³，总液量526m³，砂液比12.77%，试油日产油5.8m³，累计产油58m³。多口老井的突破展现了长英质页岩储层具备获得工业生产的能力，可作为动用层系进一步攻关。

二是针对大情字井"三页夹两砂"纵向50m左右厚度的"甜点"层段开展直井、井组多层压裂攻关，其中黑120-7井试油井段2448.7~2500m，射孔厚度24.2m，油管单封单压，加砂量70m³，总液量731m³，排量5~5.5m³/min，破裂压力51MPa，施工压力45~51MPa，砂液比14.4%，抽汲日产油8.6m³，累计产油202m³。黑197井试油井段为2502~2558m，分3段7簇分压合试，射孔厚度11m，加支撑剂135m³，总液量3266m³，压后水力泵求产，日产油20.04m³，累计产油310m³。黑238井试油井段为1945.2~2149m，层位为青一段、青二段，分5段36簇分压合试，射孔厚度44m，加支撑剂323m³，总液量7836m³，压后水力泵求产，日产油5.9m³，累计产油288m³，抽油机投产261天，目前日产油1.6t，累计产油301t，累计产油241t。

2021年在赞字井、乾安两个Ⅰ类"甜点"主攻区内分别针对Y1、Y3"甜点"层部署黑页平5井、黑页平4井，攻关两套页岩产能。黑页平5井完钻井深4410m，水平段长 2060m，解释 I 类页岩油储层 19 层 1394m，II 类页岩油储层 19 层 577m，孔隙度 4.7%～8.9%，含油饱和度 33.8%～72.1%，脆性矿物含量 59.5%～82.1%。压裂改造段长 1748m，共施工 23 段 236 簇，排量 10～16m³/min，总液量 35714m³，总砂量 3475m³。焖井 54 天，放喷 7h 见油，累计生产 110 天，日产油 5.1～14.6m³，返排率 13.8%。

二、夹层型页岩油开发先导试验展现效益动用潜力

以大情字井夹层型页岩油 I 类"甜点"区为试验区，由于薄砂层井控储量低，仅靠砂岩无法实现效益动用，通过构建砂页岩联合动用模式，以薄砂岩为目的层，页岩中的油通过高压向砂岩井筒流动，提高井控储量，实现效益开发。

地质工程一体化推进四项先导试验，落实提产技术、落实开发模式，推进效益动用。开展不同井距水平井试验（9 口水平井），提高储量动用程度；开展立体井网试验（4 口水平井），充分动用"三页两砂"；开展水平段长度试验（22 口水平井），明确水平段效益动用长度；开展大平台水平井试验（12 口水平井），通过集约化降低成本，其中黑 81 区块获得突破，稳定日产油 8～10t。

多口试验井试采见到较好效果。黑 81G 平 2-1 井水平段长 847m，压裂改造段长 727m，共施工 12 段 50 簇，总液量 18919m³，总砂量 447m³，累计生产 666 天，第二年日产油 11.6t，目前日产油 12.1t，累计产油 7417t；黑 81G 平 2-3 井水平段长 982m，压裂改造段长 806m，共施工 13 段 46 簇，总液量 18032m³，总砂量 435m³，累计生产 686 天，第二年日产油 8.6t，累计产油 5279t；黑 89-1-6 井水平段长 1511m，压裂改造段长 1239m，共施工 23 段 74 簇，总液量 33541m³，总砂量 700m³，累计生产 1010 天，第二年日产油 9.2t，累计产油 7492t。

2022 年规划水平井 45 口，建产能 10.15×10⁴t。其中黑 81 区块规划水平井 14 口，平均井深 3998m，水平段长度 1325m，单井设计日产 7.8t，建产能 3.27×10⁴t。黑 197 区块规划水平井 31 口，平均井深 4135m，水平段长度 1435m，单井设计日产 7.4t，建产能 6.88×10⁴t。

参 考 文 献

蔡玉兰，张馨，邹艳荣．2007．溶胀——研究石油初次运移的新途径［J］．地球化学，36（4）：351-356．

陈茏，许学敏，高晋生，等．1997．氢键在煤大分子溶胀行为中的作用［J］．燃料化学学报，25（6）：524-527．

陈祥，王敏，严永新．2015．陆相页岩油勘探［M］．北京：石油工业出版社．

陈章明，张树林，万龙贵．1998．古龙凹陷北部青山口组泥岩构造裂缝的形成及其油藏分布的预测［J］．石油学报，（4）：7-15．

董田，何生，林社卿．2013．泌阳凹陷核桃园组烃源岩有机地化特征及热演化成熟史［J］．石油实验地质，35（2）：187-194．

杜金虎，胡素云，庞正炼，等．2019．中国陆相页岩油类型、潜力及前景［J］．中国石油勘探，24（5）：560-568．

付晓飞，王朋岩，吕延防，等．2007．松辽盆地西部斜坡构造特征及对油气成藏的控制［J］．地质科学，（2）：209-222．

傅家谟，秦匡宗．1955．干酪根地球化学［M］．广州：广东科技出版社．

侯启军，冯子辉，邹玉良．2005．松辽盆地齐家—古龙凹陷油气成藏期次研究［J］．石油实验地质，（4）：390-394．

胡素云，陶士振，闫伟鹏，等．2019．中国陆相致密油富集规律及勘探开发关键技术研究进展［J］．天然气地球科学，30（8）：1083-1093．

黄文彪，邓守伟，卢双舫，等．2014．泥页岩有机非均质性评价及其在页岩油资源评价中的应用——以松辽盆地南部青山口组为例［J］．石油与天然气地质，35（5）：704-711．

黄振凯，陈建平，王义军，等．2013．利用气体吸附法和压汞法研究烃源岩孔隙分布特征——以松辽盆地白垩系青山口组一段为例［J］．地质论评，59（3）：587-595．

黄志龙，马剑，吴红烛，等．2012．马朗凹陷芦草沟组页岩油流体压力与初次运移特征［J］．中国石油大学学报（自然科学版），36（5）：7-11，19．

籍延坤，郝久清，崔玉广．2002．固体与液体接触角的测定［J］．抚顺石油学院学报，22（3）：84-87．

贾承造．2012．关于中国当前油气勘探的几个重要问题［J］．石油学报，33（S1）：6-13．

贾承造，郑民，张永峰．2012．中国非常规油气资源与勘探开发前景［J］．石油勘探与开发，39（2）：129-136．

贾承造，邹才能，李建忠，等．2012．中国致密油评价标准、主要类型、基本特征及资源前景［J］．石油学报，33（3）：343-350．

贾承造，邹才能，杨智，等．2018．陆相油气地质理论在中国中西部盆地的重大进展［J］．石油勘探与开发，45（4）：546-560．

姜传金，马学辉，周恩红．2004．拟声波曲线构建的意义及应用［J］．大庆石油地质与开发，（1）：12-14，74-75．

姜在兴．2013．沉积学［M］．北京：石油工业出版社．

姜在兴，张文昭，梁超，等．2014．页岩油储层基本特征及评价要素［J］．石油学报，35（1）：184-196．

姜振学，唐相路，李卓，等．2016．川东南地区龙马溪组页岩孔隙结构全孔径表征及其对含气性的控制［J］．地学前缘，23（2）：126-134．

蒋启贵，黎茂稳，钱门辉，等．2016．不同赋存状态页岩油定量表征技术与应用研究［J］．石油实验地质，38（6）：842-849．

蒋裕强，董大忠，漆麟，等．2010．页岩气储层的基本特征及其评价［J］．天然气工业，30（10）：7-12，113，114．

焦堃，姚素平，吴浩，等．2014．页岩气储层孔隙系统表征方法研究进展［J］．高校地质学报，20（1）：151-161．

金强，朱光有，王娟．2008.咸化湖盆优质烃源岩的形成与分布［J］.中国石油大学学报（自然科学版），（4）：19-23.

近藤精一，石川达雄，安部郁夫．2006.吸附科学［M］.北京：化学工业出版社.

琚宜文，戚宇，房立志，等．2016.中国页岩气的储层类型及其制约因素［J］.地球科学进展，31（8）：782-799.

康玉柱，周磊．2016.中国非常规油气的战略思考［J］.地学前缘，23（2）：1-7.

柯思．2017.泌阳凹陷页岩油赋存状态及可动性探讨［J］.石油地质与工程，31（1）：80-83.

郎东升，郭树生，马德华．1996.评价储层含油性的热解参数校正方法及其应用［J］.海相油气地质，（4）：53-55，5.

黎立云，谢和平，鞠杨，等．2011.岩石可释放应变能及耗散能的实验研究［J］.工程力学，28（3）：35-40.

李昌伟，陶士振，董大忠，等．2015.国内外页岩气形成条件对比与有利区优选［J］.天然气地球科学，26（5）：986-1000.

李传亮，张学磊．2009.对低渗透储层的错误认识［J］.西南石油大学学报（自然科学版），31（6）：177-180，221.

李登华，李建忠，王社教，等．2009.页岩气藏形成条件分析［J］.天然气工业，29（5）：22-26，135.

李吉君，史颖琳，黄振凯，等．2015.松辽盆地北部陆相泥页岩孔隙特征及其对页岩油赋存的影响［J］.中国石油大学学报（自然科学版），39（4）：27-34.

李吉君，史颖琳，章新文，等．2014.页岩油富集可采主控因素分析：以泌阳凹陷为例［J］.地球科学（中国地质大学学报），39（7）：848-857.

李建忠，董大忠，陈更生，等．2009.中国页岩气资源前景与战略地位［J］.天然气工业，29（5）：11-16，134.

李俊乾，姚艳斌，蔡益栋，等．2012.华北地区不同变质程度煤的物性特征及成因探讨［J］.煤炭科学技术，40（4）：111-115.

李庆辉，陈勉，金衍，等．2012.页岩气储层岩石力学特性及脆性评价［J］.石油钻探技术，40（4）：17-22.

柳波，吕延防，孟元林，等．2015.湖相纹层状细粒岩特征、成因模式及其页岩油意义——以三塘湖盆地马朗凹陷二叠系芦草沟组为例［J］.石油勘探与开发，42（5）：598-607.

柳波，吕延防，冉清昌，等．2014.松辽盆地北部青山口组页岩油形成地质条件及勘探潜力［J］.石油与天然气地质，35（2）：280-285.

柳波，石佳欣，付晓飞，等．2018.陆相泥页岩层系岩相特征与页岩油富集条件——以松辽盆地古龙凹陷白垩系青山口组一段富有机质泥页岩为例［J］.石油勘探与开发，45（5）：828-838.

卢双舫．1996.有机质成烃动力学理论及其应用［M］.北京：石油工业出版社.

卢双舫，陈国辉，王民，等．2016.辽河坳陷大民屯凹陷沙河街组四段页岩油富集资源潜力评价［J］.石油与天然气地质，37（1）：8-14.

卢双舫，黄文彪，陈方文，等．2012.页岩油气资源分级评价标准探讨［J］.石油勘探与开发，39（2）：249-256.

卢双舫，薛海涛，王民，等．2016.页岩油评价中的若干关键问题及研究趋势［J］.石油学报，37（10）：1309-1322.

吕明久，付代国，何斌，等．2012.泌阳凹陷深凹区页岩油勘探实践［J］.石油地质与工程，26（3）：85-87，139.

马永生，冯建辉，牟泽辉，等．2012.中国石化非常规油气资源潜力及勘探进展［J］.中国工程科学，14（6）：22-30.

尚飞，解习农，李水福，等．2018.基于地球物理和地球化学数据的页岩油甜点区综合预测：以泌阳凹陷核三段 5 号页岩层为例 [J].地球科学, 43（10）：3640-3651.

史淼, 于炳松, 薛志鹏, 等.2016.黔西北地区龙马溪组页岩气储层孔隙特征及其储气意义 [J].地学前缘, 23（1）：206-217.

宋国奇, 徐兴友, 李政, 等.2015.济阳坳陷古近系陆相页岩油产量的影响因素 [J].石油与天然气地质, 36（3）：463-471.

宋国奇, 张林晔, 卢双舫, 等.2013.页岩油资源评价技术方法及其应用 [J].地学前缘, 20（4）：221-228.

孙龙德, 邹才能, 贾爱林, 等.2019.中国致密油气发展特征与方向 [J].石油勘探与开发, 46（6）：1015-1026.

孙善勇, 刘惠民, 操应长, 等.2017.湖相深水细粒沉积岩米兰科维奇旋回及其页岩油勘探意义——以东营凹陷牛页 1 井沙四上亚段为例 [J].中国矿业大学学报, 46（4）：846-858.

王敏, 秦伟军, 赵追, 等.2001.南襄盆地泌阳凹陷油气藏形成条件及聚集规律 [J].石油与天然气地质, （2）：169-172.

王书彦, 胡润, 任东超, 等.2015.页岩孔隙成因类型及其演化发育机理——以川东南地区页岩为例 [J].山东科技大学学报（自然科学版）, 34（6）：9-15.

王优先.2015.陆相页岩油成藏地质条件及富集高产主控因素——以泌阳凹陷为例 [J].断块油气田, 22（5）：588-593.

吴河勇, 林铁锋, 白云风, 等.2019.松辽盆地北部泥（页）岩油勘探潜力分析 [J].大庆石油地质与开发, 38（5）：78-86.

杨峰, 宁正福, 孔德涛, 等.2013.高压压汞法和氮气吸附法分析页岩孔隙结构 [J].天然气地球科学, 24（3）：450-455.

杨雪, 柳波, 张金川, 等.2019.古龙凹陷青一段米兰科维奇旋回识别及其沉积响应 [J].沉积学报, 37（4）：661-673.

姚秀云, 赵德斌, 赵鸿儒.1989.纵, 横波速度与其它物性参数关系 [J].地球物理学进展, （2）：7-20.

张金川, 林腊梅, 李玉喜, 等.2012.页岩油分类与评价 [J].地学前缘, 19（5）：322-331.

张馨, 邹艳荣, 蔡玉兰, 等.2008.原油族组分在煤中留存能力的研究 [J].地球化学, （3）：233-238.

张永华, 张悦, 杜伟, 等.2016.混沌属性预测泌阳凹陷陡坡带小型砂砾岩体 [J].特种油气藏, 23（3）：11-15, 151.

章成广, 江万哲, 潘和平.2009.声波测井原理与应用 [M].北京：石油工业出版社.

赵宁, 黄江琴, 李栋明, 等.2013.远源缓坡型薄层细粒浊积岩沉积规律——以松南西斜坡大布苏地区青一段地层为例 [J].沉积学报, 31（2）：291-301.

赵文智, 胡素云, 侯连华.2018.页岩油地下原位转化的内涵与战略地位 [J].石油勘探与开发, 45（4）：537-545.

赵文智, 胡素云, 侯连华, 等.2020.中国陆相页岩油类型、资源潜力及与致密油的边界 [J].石油勘探与开发, 47（1）：1-10.

朱景修.2016.泌阳凹陷流体势特征及油气运聚单元划分 [J].成都理工大学学报：自然科学版, 43（4）：6.

邹才能, 董大忠, 王社教, 等.2010.中国页岩气形成机理、地质特征及资源潜力 [J].石油勘探与开发, 37（6）：641-653.

邹才能, 杨智, 崔景伟, 等.2013.页岩油形成机制、地质特征及发展对策 [J].石油勘探与开发, 40（1）：14-26.

邹才能, 张国生, 杨智, 等.2013.非常规油气概念、特征、潜力及技术——兼论非常规油气地质学 [J].石油勘探与开发, 40（4）：385-399, 454.

Abarghani A, Gentzis T, Shokouhimehr M, et al. 2020. Chemical heterogeneity of organic matter at nanoscale by AFM-based IR spectroscopy [J] . Fuel, 261: 116454.

Baker D R. 1962. Organic Geochemistry of Cherokee Group on Southeaster Kansas and Northeastern Oklahoma [J] . AAPG Bulletin, 46 (9): 1621-1642.

Becker A, Gross M R. 1996. Mechanism for joint saturation in mechanically layered rocks: an example from southern Israel [J] . Tectonophysics, 257 (2-4): 223-237.

Bo L, Wang H L, Fu X F, et al. 2019. Lithofacies and depositional setting of a highly prospective lacustrine shale oil succession from the Upper Cretaceous Qingshankou Formation in the Gulong sag, northern Songliao Basin, northeast China [J] . AAPG Bulletin, 103 (2): 405-432.

Bo L, Zhao X Q, Fu X F, et al. 2020. Petrophysical characteristics and log identification of lacustrine shale lithofacies: A case study of the first member of Qingshankou Formation in the Songliao Basin, Northeast China [J] . Interpretation, 8 (3): SL45-SL57.

Chen L, Ding W L, Zhou J Y, et al. 2021. Characteristics of fluid potential and division of hydrocarbon migration and accumulation units in the Shijiazhuang Sag [J] . Petroleum Science and Technology, 39 (13-14): 451-470.

Chen L, Jiang Z, Liu K, et al. 2017. Application of Langmuir and Dubinin-Radushkevich models to estimate methane sorption capacity on two shale samples from the Upper Triassic Chang 7 Member in the southeastern Ordos Basin, China [J] . Energy Exploration & Exploitation, 35 (1): 122-144.

Cloetingh S A P L, Beek P A V D, Rees D V, et al. 1992. Flexural interaction and the dynamics of neogene extensional Basin formation in the Alboran-Betic region [J] . Geo-Marine Letters, 12 (2): 66-75.

Curtis M E, Cardott B J, Sondergeld C H, et al. 2012. Development of organic porosity in the Woodford Shale with increasing thermal maturity [J] . International Journal of Coal Geology, 103: 26-31.

De Silva P N K, Simons S J R, Stevens P, et al. 2015. A comparison of North American shale plays with emerging non-marine shale plays in Australia [J] . Marine and Petroleum Geology, 67: 16-19.

Dirand M, Bouroukba M, Briard A J, et al. 2002. Temperatures and enthalpies of (solid+solid) and (solid + liquid)transitions of n-alkanes [J] . Journal of Chemical Thermodynamics, 34 (8): 1255-1277.

Dong T, He S, Liu G Q, et al. 2015. Geochemistry and correlation of crude oils from reservoirs and source rocks in southern Biyang Sag, Nanxiang Basin, China [J] . Organic Geochemistry, 80: 18-34.

Downey M W. 1984. Evaluating seals for hydrocarbon accumulations [J] . GeoScienceWorld, 71 (11): 1439-1440.

Ertas D, Kelemen S R, Halsey T C. 2006. Petroleum expulsion: Part 1. Theory of kerogen swelling in multicomponent solvents [J] . Energy Fuel, 20 (1): 295-300.

Flory P J. 1953. Principles of polymer chemistry [M] . Cornell university press.

Furmann A, Mastalerz M, Schimmelmann A, et al. 2014. Relationships between porosity, organic matter, and mineral matter in mature organic-rich marine mudstones of the Belle Fourche and Second White Specks formations in Alberta, Canada [J] . Marine and Petroleum Geology, 54: 65-81.

Gale W J, Nemcik J A, Upfold R W. 1987. Application of Stress Control Methods to Underground Coal Mine Design In High Lateral Stress fields [J] .

Ghiasi-Freez J, Kadkhodaie-Ilkhchi A, Ziaii M. 2012. Improving the accuracy of flow units prediction through two committee machine models: An example from the South Pars Gas Field, Persian Gulf Basin, Iran [J] . Computers & Geosciences, 46: 10-23. DOI: 10. 1016/j. cageo. 2012. 04. 006.

Gross M R, Eyal Y. 2007. Throughgoing fractures in layered carbonate rocks [J] . Geological Society of America Bulletin, 119 (11-12): 1387-1404.

Hackley P C, Cardott B J. 2016. Application of organic petrography in North American shale petroleum systems: A review [J] . International Journal of Coal Geology, 163: 8-51.

Hall P J, Marsh H, Thomas K M. 1988. Solvent induced swelling of coals to study macromolecular structure [J]. Fuel, 67 (6): 863−866.

Han H, Zhong N N, Ma Y, et al. 2016. Gas storage and controlling factors in an over−mature marine shale: A case study of the Lower Cambrian Lujiaping shale in the Dabashan arc−like thrust−fold belt, southwestern China [J]. Journal of Natural Gas Science and Engineering, 33: 839−853.

Han Y J, Horsfield B, Curry D J. 2017. Control of facies, maturation and primary migration on biomarkers in the Barnett Shale sequence in the Marathon 1 Mesquite well, Texas [J]. Marine and Petroleum Geology, 85 (24): 106−116.

Hildebrand J H. 1939. Liquid structure and entropy of vaporization [J]. The Journal of Chemical Physics, 7 (4): 233−235.

Ingram G M, Urai J L. 1999. Top−seal leakage through faults and fractures: The role of mudrock properties [J]. Geological Society, London, Special Publications, 158 (1): 125−135.

Jarvie D M, Baker D R. 1984. Application of the Rock−Eval III oil show analyzer to the study of gaseous hydrocarbons in an Oklahoma gas well [C] //187th ACS National Meeting, Missouri.

Jiang F J, Pang X Q, Bai J, et al. 2016. Comprehensive assessment of source rocks in the Bohai Sea area, eastern China [J]. AAPG Bulletin, 100 (6): 969−1002.

Li J J, Liu Z, Li J Q, et al. 2018. Fractal characteristics of continental shale pores and its significance to the occurrence of shale oil in China: A case study of Biyang depression [J]. Fractals−Complex Geometry Patterns & Scaling in Nature & Society, 26 (2): 1840008.

Li J J, Wang W M, Cao Q, et al. 2015. Impact of hydrocarbon expulsion efficiency of continental shale upon shale oil accumulations in eastern China [J]. Marine and Petroleum Geology, 59: 467−479.

Li J Q, Lu S F, Xie L J, et al. 2017. Modeling of hydrocarbon adsorption on continental oil shale: A case study on n−alkane [J]. Fuel, 206: 603−613.

Li T W, Jiang ZX, Li Z, et al. 2017. Continental shale pore structure characteristics and their controlling factors: A case study from the lower third member of the Shahejie Formation, Zhanhua Sag, Eastern China [J]. Journal of Natural Gas Science and Engineering, 45: 670−692.

Li Z Q, Oyediran I A, Huang R, et al. 2016. Study on pore structure characteristics of marine and continental shale in China [J]. Journal of Natural Gas Science and Engineering, 33: 143−152.

Loucks R G, Reed R M, Ruppel S C, et al. 2009. Morphology, Genesis, and Distribution of Nanometer−Scale Pores in Siliceous Mudstones of the Mississippian Barnett Shale [J]. Journal of Sedimentary Research, 79 (12): 848−861. DOI: 10. 2110/jsr. 2009. 092.

Loucks R G, Reed R M, Ruppel S C, et al. 2012. Spectrum of pore types and networks in mudrocks and a descriptive classification for matrix−related mudrock pores [J]. AAPG Bulletin, 96 (6): 1071−1098.

Lu S F, Huang W B, Chen F E, et al. 2012. Classification and evaluation criteria of shale oil and gas resources: Discussion and application [J]. Petroleum Exploration and Development Online, 39 (2): 268−276.

Luo X G, Vasseur G. 2016. Overpressure dissipation mechanisms in sedimentary sections consisting of alternating mud−sand layers [J]. Marine and Petroleum Geology, 78: 883−894.

Milliken K L, Rudnicki M, David N, et al. 2013. Organic matter−hosted pore system, Marcellus Formation (Devonian), Pennsylvania [J]. AAPG Bulletin, 97 (2): 177−200.

Nygard R, Gutierrez M, Bratli R K, et al. 2006. Brittle−ductile transition, shear failure and leakage in shales and mudrocks [J]. Marine and Petroleum Geology, 23 (2): 201−212.

Passey Q R, Creaney S, Kulla J B, et al. 1990. Practical Model for Organic Richness from Porosity and Resistivity Logs [J]. AAPG Bulletin, 74 (12): 1777−1794.

Ritter U. 2003. Fractionation of petroleum during expulsion from kerogen [J]. Journal of Geochemical

Exploration, 78: 417−420.

Ritter U. 2003. Solubility of petroleum compounds in kerogen: implications for petroleum expulsion [J]. Organic Geochemistry, 34 (3): 319−326.

Rivera K T, Puckette J, Quan T M. 2015. Evaluation of redox versus thermal maturity controls on $\delta^{15}N$ in organic rich shales: A case study of the Woodford Shale, Anadarko Basin, Oklahoma, USA [J]. Organic Geochemistry, 83−84: 127−189.

Shi M, Yu B S, Xue Z P, et al. 2016. Genetic Types and development mechanism of shale pores−With the example of shale in Southeast Sichuan [J]. Earth Science Frontiers, 23 (1): 206−217.

Sibson R H. 1977. Fault rocks and fault mechanisms [J]. Journal of the Geological Society, 133 (3): 191−213.

Slatt R M, O"Brien N R. 2011. Pore types in the Barnett and Woodford gas shales: Contribution to understanding gas storage and migration pathways in fine−grained rocks [J]. AAPG Bulletin, 95 (12): 2017−2030.

Soeder D J. 2018. The successful development of gas and oil resources from shales in North America [J]. Journal of Petroleum Science and Engineering, 163: 339−420.

Szeliga J, Marzec A. 1983. Swelling of coal in relation to solvent electron−donor numbers [J]. Fuel, 62 (10): 1229−1231.

Thommes M, Kaneko K, Neimark A V, et al. 2015. Physisorption of gases, with special reference to the evaluation of surface area and pore size distribution (IUPAC Technical Report) [J]. Pure and Applied Chemistry, 87 (9−10): 1051−1069.

Tian S S, Xue H T, Lu S F, et al. 2017. Molecular simulation of oil mixture adsorption character in shale system [J]. Journal of Nanoscience and Nanotechnology, 17 (9): 6198−6209.

Underwood T, Erastova V, Greenwell H C. 2016. Wetting Effects and Molecular Adsorption at Hydrated Kaolinite Clay Mineral Surfaces [J]. The Journal of Physical Chemistry C, 120 (21).

Wang H X, Wu T, Fu X F, et al. 2019. Quantitative determination of the brittle−ductile transition characteristics of caprocks and its geological significance in the Kuqa depression, Tarim Basin, western China [J]. Journal of Petroleum Science and Engineering, 173.

Wright M C, Court R W, Kafantaris F C A, et al. 2015. A new rapid method for shale oil and shale gas assessment [J]. Fuel, 153: 231−239.

Wyllie M R J, Gregory A R, Gardner L W. 1956. Elastic wave velocities in heterogeneous and porous media [J]. Geophysics, 21 (1): 41−70.

Zhang C G, Jiang W Z, Pan H P. 2015. Principle and Application of Acoustic Logging [M]. Beijing: Petroleum Industry Press.

Zhang J C, Lin L M, Li Y X, et al. 2012. Classification and evaluation of shale oil [J]. Earth Science Frontiers, 19 (5): 322−331.